Die 90 besten Autos der 90er

Walther Wuttke

Motor
buch
Verlag

INHALT

IMPRESSUM:

Einbandgestaltung: Julia Lehmenkühler, unter Verwendung von Motiven aus dem Archiv der Paul Pietsch Verlage, Stuttgart und Archiven der Hersteller

Eine Haftung des Autors oder des Verlages und seiner Beauftragten für Personen-, Sach- und Vermögensschäden ist ausgeschlossen.

ISBN: 978-3-613-04793-8

1. Auflage 2025

Sie finden uns im Internet unter www.motorbuch-verlag.de

Lektorat und Redaktion: Bernd Keidel
Innengestaltung: Julia Lehmenkühler
Druck und Bindung: Graspo, 76302 Zlin
Printed in Czech Republic

1994

AUTO DES JAHRES: Ford Mondeo

1995

1996

1997

1998

1999

EINLEITUNG

Mit der Deutschen Einheit endete die Karriere des Trabant. Daran konnte auch die motorische Aufrüstung durch Volkswagen nichts ändern.

Bis zum November 1989 war die Welt noch in Ordnung. Ost und West standen sich in gegenseitiger Abneigung gegenüber, doch dann kam der 9. November in Berlin. Bei einer Pressekonferenz in Ostberlin verhaspelte sich das Mitglied des SED-Zentralkomitees Günter Schabowski und öffnete mit seiner Antwort auf die Frage eines italienischen Journalisten unbeabsichtigt die Mauer, die Berlin seit dem 13. August 1961 teilte. Die Vereinigung der beiden deutschen Staaten war von diesem Moment an nur noch eine Frage der Zeit, am 3. Oktober 1990 war der Prozess nach intensiven Verhandlungen mit der Sowjetunion sowie Großbritannien, Frankreich und den USA abgeschlossen. Mit der Öffnung der Mauer begann ein Prozess, der in einer Zeitenwende mündete, wie man sie sich noch wenige Jahre zuvor nicht vorstellen konnte.
In der Folge verlor Moskau die Kontrolle über die im Warschauer Pakt verbündeten Staaten und gleichzeitig auch über die Teilrepubliken, die sich von der Zentralregierung lossagten. Gleichzeitig löste sich Jugoslawien in einem verlustreichen Krieg auf, entstanden neue Staaten im Baltikum und auf dem Balkan, musste die europäische Ordnung neu definiert werden. Die Europäische Union dehnte sich nach Osten aus, und auch die Nato nahm die neuen Länder auf. Die dramatischen Folgen dieser Expansion zeigten sich erst einige Jahrzehnte später.

Im Mai 1990 läuft das letzte DDR-Automobil auf den Markt. Der »IFA Trabant 1.1« trägt zwar noch die seit 1964 unveränderte Kunststoff-Karosserie, doch unter der Haube werkelt ein 1,1-Liter-Vierzylinder von Volkswagen. Der moderne Antrieb konnte den »Trabbi« am Ende nicht retten. In Eisenach startet im Oktober die Produktion des Opel Vectra im ehemaligen Wartburg-Werk. Rund anderthalb Jahre später laufen die ersten Astra und Corsa vom Band. Am 30. April 1991 dann der letzte Trabant. Im letzten Baujahr entstanden noch 39.474 Trabanten mit Westmotor.
Auch in Portugal endet eine Legende: Nach 5.114.961 Exemplaren verlässt der letzte Citroën 2CV die portugiesische Fabrik in Mangualde.
In Hannover wird unterdessen eine Ikone der Nachkriegszeit neu erfunden. Mit dem Volkswagen T4 endet die Ära des VW-Bullis mit Heckmotor und Luftkühlung. Der T4 ist zudem der erste VW-Transporter mit zwei Karosserielängen und Radständen. Unter der Fronthaube arbeitet ein quer eingebauter Reihenmotor.

Noch vor der politischen Vereinigung der beiden deutschen Staaten schließen sich die Fußballverbände zusammen und treten im

Sommer 1990 bei der Fußballweltmeisterschaft in Italien mit einer gemeinsamen Mannschaft an. Die von Franz Beckenbauer trainierte Elf holt im Endspiel gegen Argentinien dank des von Andreas Brehme verwandelten Elfmeters den Titel – und Beckenbauer erklärt in der Euphorie des Siegers, dass die vereinte deutsche Fußballnationalmannschaft auf Jahre unschlagbar sei. Die Turniere 1994 und 1998 bewiesen jedoch das Gegenteil.

Dank eines von Andreas Brehme verwandelten Elfmeters sicherte sich die von Franz Beckenbauer trainierte deutsche Fußball-Nationalmannschaft in Rom die Weltmeisterschaft.

Ende 1989 saßen der DJ Holger Hübner und der E-Bassist Thomas Jensen beim Bier zusammen und entwickelten einen Plan, der das kleine Dorf Wacken zur »Welthauptstadt des Heavy Metal« machen sollte, wie Schleswig-Holsteins Ministerpräsident Daniel Günther, bei der Verleihung des Verdienstordens des Landes an die beiden Organisatoren des »Wacken Open Air« erklärte. Die beiden Männer lebten in Wacken und veranstalteten das erste Festival in einer Kiesgrube, in der sonst Motorradrennen veranstaltet wurden. Zum ersten Festival kamen am 24. und 25. August 1990 überschaubare 800 Besucher, die jeweils zwölf Mark Eintritt bezahlten. Heute ist Wacken das größte Festival seiner Art mit rund 80.000 Heavy-Metal-Fans, die inzwischen 333 Euro Eintritt bezahlen.

In Wacken veranstalten zwei Heavy-Metal-Fans im August 1990 ein Festival, das sich zum weltweit größten seiner Art entwickeln wird.

In Deutschland startete 1991 der »Grüne Punkt«, mit dem wiederverwertbare Verpackungen gekennzeichnet wurden. Allerdings schaffte es damals nicht jede Verpackung tatsächlich in eine Recyclinganlage und wurde stattdessen konventionell entsorgt.
Die Automobilhersteller gehörten zu den Gewinnern der deutschen Vereinigung. Dank des Hungers im Osten nach »richtigen Autos« stiegen die Zulassungen, wobei vor allem klassische Stufenheckmodelle von der neuen Kundschaft gewählt wurden. 1991 wurden in Deutschland 4,27 Millionen Automobile produziert, der Bestand stieg auf mehr als 35 Millionen Fahrzeuge. In Zwickau startet die Produktion des Volkswagen Golf II im Werk Mosel. In Tschechien übernimmt Volkswagen Škoda, das so die vierte Marke im Konzern wird. An dem Unternehmen war auch Renault interessiert. Die Franzosen sichern sich als Ausgleich das rumänische Dacia-Werk.

In Le Mans schreibt Mazda im Juni 1991 Automobilgeschichte: Als erste japanische Marke gewinnt die Marke das prestigeträchtige 24-Stunden-Rennen mit einem von einem Wankel-Motor angetriebenen Rennwagen, der sich vor allem durch einen infernalischen Lärm auszeichnete. Der deutsche Rennfahrer Volker Weidler bezahlte den Einsatz mit einem hartnäckigen Tinnitus, der seine Karriere beendete. Im belgischen Spa begann im gleichen Jahr eine unvergleichbare Karriere mit einer glatten Lüge. Michael Schumacher startete in seinem ersten Formel-1-Rennen für Jordan und versicherte dem Teambesitzer Eddie Jordan, dass er die Strecke in den Ardennen kenne. Tatsächlich war er dort noch nie gefahren. Nach einem erfolgreichen Qualifying war sein Debüt allerdings nach wenigen hundert Metern wegen eines technischen Defekts beendet. Schumacher wechselte im nächsten Rennen zu Benetton und später zu Ferrari und fuhr zu einem Rekord nach dem anderen. Sieben WM-Titel, davon fünf in Folge, 77 schnellste Rennrunden, 68 Pole-Positionen, von deutschen Reportern gerne als »Poolpositionen« ausgesprochen, sowie 91 Siege standen am Ende seiner Karriere in seinem Lebenslauf.

Beim 24-Stundenrennen von Le Mans sichert sich Mazda mit einem von einem Wankelmotor angetriebenen Rennwagen als erster japanischer Hersteller den Gesamtsieg. Der infernalische Lärm des Boliden übertönte alle anderen Boliden.

In Frankfurt stehen bei der 54. Internationalen Automobilausstellung Elektroautos (!) und Recyclingtechniken im Mittelpunkt. Bundeswirtschaftsminister Jürgen Möllemann spricht sich gegen ein Tempolimit auf Autobahnen aus und spricht den meisten deutschen Automobilisten aus der Seele.

Rund 1,2 Millionen Kinobesucher machen den Film »Manta Manta« mit Til Schweiger und Tina Ruland zu einem Erfolg. Basis sind viele Manta-Witze. Der Kürzeste: »Steht ein Manta vor der Uni«. Ebenfalls erfolgreich ist das amerikanische Roadmovie »Thelma & Louise«. Die beiden Hauptdarstellerinnen Susan Sarandon und Geena Davis reisen in dem Film mit einem Ford-Thunderbird-Cabrio durch die USA.

Mit dem Spielfilm „Manta Manta" setzten Til Schweiger und Tina Ruland dem Rüsselsheimer Coupé ein filmisches Denkmal. Der Streifen nahm die damals kursierenden Manta-Witze als Basis.

Ayrton Senna feiert am 27. Oktober 1991 seine erste Fahrerweltmeisterschaft in der Formel 1. Dafür reicht ihm ein zweiter Platz beim GP von Japan. Im letzten Rennen des Jahres im australischen Adelaide beendet im gleichen Jahr der dreifache Weltmeister Nelson Piquet seine Karriere. Senna wird dreimal Weltmeister und kommt am 1. Mai 1994 in Imola bei einem schweren Unfall ums Leben.

Der Brasilianer Formel-1-Pilot Arton Senna gewann im Oktober 1991 seine erste Weltmeisterschaft. Diesem ersten Titel sollten noch zwei weitere folgen. Am 1.Mai 1994 kam er bei einem Unfall im italienischen Imola ums Leben.

In den USA beginnt 1992 eine Entwicklung, die das Kommunikationsverhalten deutlich verändern wird. Mit dem »International 3200« kommt das erste Mobiltelefon auf den Markt. In Deutschland startet DeTeMobil das Netz D1, Mannesmann Mobilfunk zieht mit D2 nach. Gleichzeitig wird die deutsche Sprache durch ein neues Wort bereichert. Man simst, was das Zeug hält.

Das Kraftfahrtbundesamt meldet Anfang 1992 einen Fahrzeugbestand von 42 Millionen. Im Oktober endet mit dem 500-Kilometer-Rennen im französischen Magny-Cours die Geschichte der Sportwagen-Weltmeisterschaft. Die Rennserie ist den Herstellern angesichts des strengen Verbrauchsreglements schlicht zu kostspielig geworden. Als letzter Weltmeister trägt sich der 905 Evo1 von Peugeot in die Siegerliste ein. Mit 142 Erfolgen hält Porsche den Rekord bei den Rennteams. Erfolgreichster Fahrer ist der Belgier Jacky Ickx mit 37 ersten Plätzen.

In Großbritannien erlebten die Queen und ihre Familie ein wenig erfreuliches Jahr 1992. Nach den diversen Scheidungen ihrer Söhne vernich-

Das königliche Schloss Windsor wurde am 20. November 1992 durch einen Brand weitgehend zerstört. Queen Elizabeth bezeichnete dieses Jahr in ihrer Weihnachtsansprache als „Annus horribilis".

tet ein Brand auch noch das Schloss Windsor. In ihrer Weihnachtsrede stufte sie das Jahr als »Annus horribilis« ein. In Maastricht wird im gleichen Jahr ein Vertragswerk unterzeichnet, das die Grundlage für die Europäische Union legt und gleichzeitig die Gemeinschaftswährung Euro auf den Weg bringt. Der Name für das neue Geld geht auf einen Vorschlag des damaligen deutschen Finanzministers Waigel zurück.

Eine einheitliche Währung für Europa wird mit dem Vertrag von Maastricht Wirklichkeit. Das umfangreiche Vertragswerk wurde vom deutschen Außenminister Genscher und Finanzminister Waigel unterzeichnet.

Seit dem 1. April 1993 müssen in Deutschland Kinder, die kleiner als 1,5 Meter sind durch einen Kindersitz gesichert sein. Aus der Abgassonderuntersuchung (ASU) wird am Ende des Jahres die Abgasuntersuchung, die nun auch für Dieselmodelle vorgeschrieben ist. Für Otto-Fahrzeuge mit geregeltem Katalysator und elektronisch geregelter Saugrohreinspritzung gilt ein eigenständiger Prüfungsablauf. Das Internet, bereits in den 1980ern als Kommunikationsplattform für Wissenschaftler entwickelt, wird zum World Wide Web (www). Mit der zunehmenden Verbreitung der PCs in privaten Haushalten rückt die Welt näher zusammen.

1997 trägt Deutschland Gelb. Als erster deutscher Radprofi gewinnt Jan Ullrich die Tour de France. Das Thema Doping spielt damals nur eine Nebenrolle.

Seit dem 1. Juli 1997 können Automobile, die älter als 30 Jahre sind, ein H-Kennzeichen erhalten. Allerdings werden die Voraussetzungen von den verschiedenen Zulassungsstellen unterschiedlich ausgelegt. Mit dem neuen Kennzeichen dürfen die Oldtimer in Umweltzonen einfahren, außerdem gilt für diese Fahrzeuge ein pauschaler Steuersatz.
Im März 1997 wird auf dem Genfer Automobilsalon die neue A-Klasse von Mercedes vorgestellt. Der erste Mercedes-Benz mit Frontantrieb macht wenig später negative Schlagzeilen – und die Bundesbürger lernen ein neues Wort: Beim sogenannten Elchtest kippt das Kompaktmodell auf die Seite. Nachdem die Stuttgarter Verantwortlichen zunächst versuchen, den Vorfall herunterzuspielen, reagiert der Konzern wenig später mit einer drastischen Maßnahme. Die Produktion wird unterbrochen und bringt die überarbeiteten Modelle serienmäßig mit dem Stabilitätsprogramm ESP auf den Markt, was wiederum die Mitbewerber veranlasst, die bis dahin optionale und vor allem in der Luxusklasse angebotene Technik in die Serie zu übernehmen. Während die A-Klasse umkippt, bleibt Jan Ulrich auf dem Rad und gewinnt im Juli als erster Deutscher die Tour de France. Dass der Radsport tief im Dopingsumpf fährt, wird damals noch übersehen.

Die Neunzigerjahre sind auch das Jahrzehnt, in dem sich legendäre Modelle verabschieden. Der Porsche 911 bleibt zwar im Programm der Stuttgarter Sportwagenschmiede, doch im Heck arbeitet seit dem 31. März 1998 kein luftgekühlter Antrieb mehr. Den letzten 911 mit Luftkühlung, ein Carrera 4S sichert sich der US-Komiker Jerry Seinfeld. Vier Tage vor dem Themenwechsel stirbt der Sohn des Gründers Ferry Porsche.
Gegen Ende des Jahrzehnts herrscht Aufbruchstimmung, und in Hamburg wird die erste Wasserstofftankstelle Europas in Betrieb genommen. Wasserstoff gilt als Hoffnungsträger für eine neue Antriebstechnik, doch auch Jahrzehnte danach kann sich der neue Treibstoff nicht durchsetzen.

In Schweden versagt die brandneue Mercedes A-Klasse bei einem sogenannten Elchtest und kippt auf die Seite. Mercedes stoppt die Produktion und stattet die Baureihe nach dem Neustart mit ESP aus.

1990
Citroën XM

Die große Citroën-Limousine überzeugt die Juroren vor allem durch die Komfortwerte. Die Hydropneumatik wird bei dem neuen Modell durch die sogenannte hydraktive Federung abgelöst.

Auto des
JAHRES
1990

Glaubt man dem Volksmund, dann verderben viele Köche den Brei. Doch Citroën versuchte sich am Gegenbeweis: Bei der Gestaltung des XM waren gleich drei Designbüros beteiligt. Neben dem Hausdesigner Bertone arbeiteten auch die Kreativen der Marke und bei Peugeot am Design der Limousine, die 1989 auf den Markt kam und ein Jahr später zum Auto des Jahres befördert wurde.

Wie die Vorgänger DS und CX besaß der XM die hydropneumatische Federung, die allerdings zur elektronisch gesteuerten »hydractiven« Federung aufgewertet wurde. 1991 und 1992 wurde die 4,70 Meter lange Limousine von den Lesern des Magazins »Auto Motor und Sport« zum »besten Importwagen seiner Klasse« gewählt.
Parallel zur Markteinführung mutierte der XM zum Kulturbotschafter. In der Ausstellung XM'Art wurden Kunstwerke rund um das Automobil gezeigt, wobei Citroëns Topmodell eine Hauptrolle einnahm.
Zwei Jahre nach der Vorstellung kam eine knapp fünf Meter lange Kombiversion mit einem riesigen Laderaum auf den Markt, die vom Karosseriespezialisten Heuliez hergestellt wurde. In Insiderkreisen hatten die Heuliez-Modelle den Ruf einer hervorragenden Verarbeitung. Um die Passagiere vor Zugluft zu schützen, hatte die Limousine in den besseren Ausstattungsversionen eine zusätzliche innere Heckscheibe. Auf die Idee muss man erst einmal kommen.
Bei den Antrieben griffen die Citroën-Entwickler in das PSA-Konzernregal und wählten für die Benziner-Fraktion die bewährten Zweiliter-Vierzylinder sowie einen Dreiliter-Sechszylinder (79 kW bis 147 kW). Für die Diesel-Freunde standen Antriebe mit 2,1 bis 2,5 Liter bereit, die zwischen 60 kW bis 90 kW leisteten. Der XM setzte die Citroën-Tradition großer und komfortabler Limousinen fort, die 1934 mit dem Traction Avant begonnen hatte. Obwohl der französische Staat an Renault maßgeblich beteiligt war, wählten die Präsidenten der Republik, François Mitterrand und Jacques Chirac den XM als Staatskarosse. Chirac, bekennender Fan der Marke, musste allerdings bei seinem Abschied aus dem Amt – eine kleine Rache seines Nachfolgers – ausgerechnet in einem Peugeot Platz nehmen.

Die Instrumente im XM waren für Citroën erstaunlich konventionell. Das Einspeichenlenkrad wurde vom Vorgänger CX übernommen.

Die Kombiversion des XM hatte ein unübertroffen großes Frachtabteil und war dank der hydraktiven Federung sehr komfortabel.

Als Diesel war der knapp fünf Meter lange Kombi ein für die Größe sparsamer Lastenträger.

Der Break genannte Kombi entstand beim Karosseriebauer Heuliez und hatte den Ruf einer sehr guten Verarbeitung.

Der XM stand in der Tradition großer und komfortabler Citroën-Limousinen wie dem Traction Avant.

Die XM-Limousine wurde von den Präsidenten der „Grande Nation" als Statskarosse gewählt, obwohl Paris eigentlich an Renault beteiligt war.

OPEL CALIBRA

- Weltmeister im Windkanal

Steffi Graf stand in den 1990er-Jahren bei Opel unter Vertrag, und das nutzten die Rüsselsheimer auf der IAA 1989, als der Nachfolger des Manta enthüllt wurde. Die eher schüchterne Tennis-Queen, die derartige Termine eigentlich nicht sonderlich mochte, sagte brav ihren Spruch – »das schönste Auto überhaupt« – auf und hatte damit ihre Verpflichtung absolviert; genauso wie die Designer Wayne K. Cherry und Erhard Schnell:
Sie hatten das Coupé entworfen, das im Windkanal den damals sensationellen Wert von 0,26 erreichte. Schnell hatte sich bei Opel bereits als Schöpfer des GT und Manta bewährt und nichts von seiner Kreativität verloren.

Wie die Vorgänger war auch der Calibra dank der aus der Großserie genutzten Elemente ein vergleichsweise preiswertes Modell, und die Kunden reagierten derart begeistert, dass die Rüsselsheimer Fabrik bald die Nachfrage nicht mehr befriedigen konnte. Damals wurden Lieferverträge auf dem Schwarzmarkt gegen zum Teil saftige Aufschläge verkauft. Daher

Auch in den 1990er-Jahren setzte die Opel-Werbung noch auf weibliche Reize.

nahm Opel das finnische Unternehmen Valmet, wo bereits Porsche den Boxster und Lada den Samara produzieren ließ, unter Vertrag. Die Konkurrenz versuchte zu kontern, doch der Calibra blieb damals erste Wahl bei den Coupés. Ein von den Finnen in Eigenregie entwickeltes Cabriolet schaffte es damals nicht in die Serienproduktion. Der Name war eine Schöpfung des damals für Opel-Modelle tätigen Manfred Gotta. Insgesamt entstanden 240.000 Calibra, der am Ende seiner Laufzeit leider keinen Nachfolger erhielt. Statt auf der Straße landete der Calibra II in der Opel-Oldtimersammlung.

Im Frühsommer 1990 wurde der Calibra bei einer aufwendigen Präsentation in Südfrankreich vorgestellt. Die geladene Fachpresse lobte damals nach ersten Ausfahrten über die kurvenreichen Strecken rund um Monte-Carlo das angenehme und problemlose Fahrverhalten des 4,49 Meter langen Coupés. Den beiden Designern war eine klassische Form ohne über-

Um die Nachfrage nach dem Calibra zu befriedigen, entstand ein Teil der Produktion bei Valmet in Finnland.

Das Opel-Coupé zeichnete sich durch ein angenehmes und problemloses Fahrverhalten aus.

Bei der Produktion wurden viele Teile aus wiederaufbereiteten Materialien gefertigt.

flüssigen Schnickschnack gelungen und schon der Basismotor (zwei Liter-Vierzylinder mit 150 PS/110 kW und 223 km/h Höchstgeschwindigkeit) war ein überzeugendes Argument. Später kamen noch Versionen mit Turboaufladung, Allrad und einem V6 in das Angebot, mit dem der Calibra, der als Basis den biederen Vectra nutzte, zu einem Herausforderer für klassische Sportwagen mutierte.

1990 gehörte Opel zu den profitabelsten Herstellern in Deutschland und überwies mehr als eine Milliarde Mark Gewinn nach Detroit. Der Calibra trug seinen Teil zu diesem Erfolg bei und bewährte sich als Image-Optimierer für die Rüsselsheimer. Auch bei Rennserien für Tourenwagen wie der Deutschen Tourenwagenmeisterschaft (DTM) oder der internationalen Tourenwagenmeisterschaft ITC war das Coupé erfolgreich.

Auch bei Schnee machte der Calibra eine gute Figur und eignete sich auch als Zugfahrzeug für wagemutige Zeitgenossen.

Die Halterungen für die Skiausrüstung störten zwar die Linie des Coupés, doch wie sonst sollte man die Bretter transportieren?

Die Opel-Presseabteilung hatte offensichtlich ein enges Verhältnis zum Wintersport.

Unter der weit öffnenden Heckklappe des Calibra war erstaunlich viel Raum für das Gepäck.

1990

Mit dem Gameboy von Nintendo kommt 1990 ein neues Spiel auf den Markt, das am Ende des Jahres unter keinem Weihnachtsbaum fehlen darf. Vor allem das mit dem handlichen Gerät gelieferte Spiel Tetris sorgt bei Kindern und Erwachsenen für stundenlange Unterhaltung.

Nintendo hatte offensichtlich einen Nerv getroffen und brachte m Laufe der Jahre hunderte Spiele auf den Markt, die sich schnell zu Klassikern entwickelten. »Donkey King«, »The Legend of Zelda« und vor allem »Super Mario« eroberten schnell die Kinderzimmer, wobei nicht nur Kinder den Gameboy als Freizeitvergnügen entdeckten. Auch Erwachsene griffen, um sich die Zeit zu vertreiben zum Gameboy. »Super Mario« wurde später sogar verfilmt. 1992 legte Nintendo nach und brachte die Spielkonsole Super Nintendo Entertainment System auf den Markt. Damit ließen sich die Spiele auf dem Fernsehbildschirm darstellen. Nintendo hatte bis zur Mitte des Jahrzehnts eine Monopolstellung, verpasste aber eine technische Aufrüstung, sodass Sony mit der Play Station, die mit einem deutlich leistungsstärkeren 32 Bit-System begeisternde 3D-Effekte ermöglichte, an dem Klassiker vorbeiziehen konnte.

AUDI 100 C4

- der letzte seiner Art

Audi-Chef Ferdinand Piëch war, wenn es um die Qualität ging, unnachgiebig, was ihm wegen seiner Forderung nach möglichst geringen Spaltmaßen den Spitznamen »Fugen-Ferdl« eintrug. Schließlich hatte es sich der Porsche-Enkel vorgenommen, seine Marke auf Augenhöhe von Mercedes-Benz und BMW zu heben. Der 1990 vorgestellte neue Audi 100 C4 (intern Typ 4A) war ein weiterer Schritt in diese Richtung.
Diese vierte Baureihe des Audi 100 war zugleich der letzte seiner Art. Der Nachfolger rollte als Audi A6 zu den Händlern. Die Ingolstädter Designer verabschiedeten sich von der progressiven Formensprache des Vorgängers, erreichten aber, wie von Piëch gefordert, einen Cw-Wert von 0,29. Um den Premium-Anspruch zu unterstreichen, brachte Audi als Topmodell den S4 auf den Markt, der von einem 4,2-Liter-V8 angetrieben wurde, der 280 PS leistete und alle vier Räder antrieb. Neben dem Achtzylinder gab es auch den aus dem Audi 200 bekannten 2,2-Liter-Fünfzylinder mit Turboaufladung, der 230 PS leistete.
Das Motorenangebot war umfangreich und deckte so gut wie alle Kundenwünsche ab.
Es reichte vom 80 PS starken 2,5-Liter-Fünfzylinder-Diesel über Vierzylinder-Benziner bis zu einem 2,8-Liter-Sechszylinder (174 PS). Der Audi 100 C4 war eine weitgehende Neukonstruktion. Vom Vorgängermodell wurden nur wenige Lösungen übernommen.
Im Innenraum allerdings griffen die Entwickler auf viele Details des C3 zurück, wählten aber gleichzeitig deutlich hochwertigere Materialien. Gleichzeitig stieg Audi in die Sechszylinder-

Mit dem Audi 100 C4 endete die Laufbahn der Modellreihe. Der Nachfolger kam als A6 auf den Markt.

klasse ein, die bisher von München und Stuttgart beherrscht wurde. Ein Jahr später kam die Kombiversion, bei Audi Avant genannt, mit einem vollkommen neu gestalteten Heck auf den Markt. Heizte sich der Innenraum beim Vorgänger bei sonnigen Verhältnissen extrem auf, so besaß der neue Avant weniger stark geneigte Seitenscheiben, was die klimatischen Verhältnisse deutlich verbesserte. In jenen Jahren waren Klimaanlagen eher selten und kosteten zumeist einen deutlichen Aufpreis. Durch das nun steilere Heck verbesserte sich auch der Laderaum, der sich auf bis zu 1255 Liter vergrößern ließ.

Im neu gestalteten Innenraum unterstrichen die Designer den Anspruch, ins Premiumsegment aufzusteigen.

Die Limousine erreichte trotz der sachlichen Form einen Cw-Wert von 0,29.

Die Designer hatten für den letzten Audi 100 eine konventionelle Formensprache gewählt.

Die Kombiversion besaß eine klassische Heckklappe.

Auch bei Taxifahrern war der mit einem Dieselmotor ausgerüstete Kombi eine beliebte Wahl.

Mit dem letzten Audi 100 begann der Aufstieg der Marke in die Gefilde von BMW und Mercedes.

BMW E36

- so viel Dreier wie noch nie

Pinky Lai stand vor einer herausfordernden Aufgabe: Der in Hongkong geborene Designer mit einem Abschluss beim Instituto Superiore per le Industrie Artistiche begann seine Karriere als Automobildesigner bei Ford in Köln, wo er unter anderem an der Formgebung des Sierra und Scorpio beteiligt war und wechselte von dort zu BMW. Dort stand der seit 1982 gebaute erfolgreiche Dreier E30 vor der Ablösung. Für Lai war von Beginn an klar, dass ihm und seiner Mannschaft etwas vollkommen Neues gelingen musste, um an den Erfolg des Vorgängers anschließen zu können.

Der neue Dreier wurde größer, vier Türen wurden Serie. Später folgten noch ein zweitüriges Coupé mit einer eigenständigen Karosserie, ein Kombi und ein Cabriolet. Und als vollkommen neue Variante rollte der E26 als zweitürige Schräghecklimousine als Premium-Alternative zum VW Golf mit dem programmatischen Namen Compact ins Angebot der Bayern.

So viel Dreier hatte es in der Geschichte der Baureihe noch nie gegeben. Eigentlich fehlte nur eine Variante mit Allradantrieb. Die kam erst mit dem Nachfolger E46.

Der Nachfolger der ersten Dreier-Generation kam mit einem vollkommen neuen Design auf den Markt.

Der neue Dreier kam von Beginn an als Viertürer auf den Markt. Später folgten noch ein Coupé und weitere Ableitungen.

Damals hatten die Entwickler noch viel Zeit. Die Entwicklung des neuen Dreier begann bereits 1981. Vor allem die Aerodynamik wurde deutlich verbessert, und auch das Fahrwerk erfuhr eine Optimierung. Im Innenraum blickte der Fahrer auf eine neu gestaltete Informationszentrale.
Bei der passiven Sicherheit hatte der Dreier zugelegt und erhielt von »Auto Motor und Sport« nach einem Crashtest die Note »gut«. Das Antriebsangebot begann mit einem 1,6-Liter-Vierzylinder und reichte bis zu einem 3,2-Liter-Sechszylinder. Die Dieselfraktion wurde mit Motoren mit 1,7 bis 2,5 Liter (66 bis 105 kW) bedient.

Neben der Limousine standen ein Cabriolet und ein Coupé bei den freundlichen BMW-Händlern.

Die Entwicklung der neuen Dreier-Baureihe hatte bereits im Jahr 1981 begonnen.

Der BMW-Designabteilung war eine zeitlose, klassische Stufenheck-Limousine gelungen.

Das Coupé kam mit einer eigenständigen Karosserie auf den Markt.

Die neue Dreier-Generation entwickelte sich schnell zum Verkaufserfolg.

Die Limousine war gegenüber dem Vorgänger in allen Bereichen gewachsen.

MERCEDES 500E

- ein Benz von Porsche

Beim Blick nach München erkannten die Verantwortlichen beim Daimler, dass sich biedere Mittelklasse und leistungsstarker Antrieb zu einer erfolgreichen Kombination vereinen ließen. Der BMW M5 mit mehr als 300 PS war erfolgreich und wurde von Zeitgenossen geschätzt, die eine unauffällige Dynamik bevorzugten. Daimler hatte kein vergleichbares Angebot.

Der W124, gerne als Taxi eingesetzt, war vor allem eins: solide, aber weit von einer aufregenden Sportlimousine entfernt. Als stärkste Variante kam der 300 E auf 180 PS. Und weil man in Stuttgart und München immer auf die Angebote des jeweiligen Konkurrenten reagierte, beschlossen die Daimler-Verantwortlichen, eine Sportlimousine in der biederen Verkleidung des W124 zu entwickeln. Das Ergebnis war der Mercedes 500 E, dessen V8-Motor 326 PS leistete und den sportlichsten W124 in sechs Sekunden von Null auf 100 km/h beschleunigte.

Allerding gab es da ein Problem: Die Entwicklungskapazitäten in Stuttgart waren vollständig ausgelastet und ganz mit der Entwicklung der neuen S-Klasse ausgeschöpft. So kam Por-

Ein Mercedes-Benz hebt ab. Der 500 E war die Stuttgarter Antwort auf dem BMW M5.

sche ins Spiel. Für die Zuffenhausener waren Fremdaufträge nicht ungewöhnlich. Schließlich hatte man unter anderem schon den Seat Ibiza und den Lada Samara sowie Modelle für Volkswagen serienreif gemacht. Und einfach war es nicht, einen Achtzylinder in die Karosserie des W124 zu transplantieren. Der Motorraum musste deutlich verändert werden. Im vorderen Teil wurde die Spritzwand und der Kardantunnel modifiziert und gleichzeitig mutierte der 500E zum Viersitzer, weil der mittlere Sitz im Fond gestrichen wurde. Auch die Bremsanlage und das Fahrwerk wurden überarbeitet. Als Teilespender diente der 500 SL. Und dann gab es noch ein Problem: Wegen der breiteren Karosserie passte der 500 E nicht in die Sindelfinger Fertigung, sodass die Rohkarossen bei Porsche entstanden, um dann in Sindelfingen lackiert zu werden.

Der V8-Motor wurde bei Porsche montiert, wo auch die Endmontage stattfand. Die Endabnahme fiel dann wieder in die Verantwortung von Daimler. Bis zum Produktionsende 1995 entstanden so rund 10.500 Fahrzeuge. Für Porsche, damals in wirtschaftlichen Schwierigkeiten, erwies sich der Auftrag vom Nachbarn als Rettungspaket. Damals rechnete die Porsche-Belegschaft praktisch täglich mit dem Verkauf der Sportwagenschmiede.

Der Innenraum des 500 E unterschied sich nicht von den schwächeren 124er-Versionen, nur der Schriftzug am Heck verriet den Leistungszuwachs.

Äußerlich war der 500 E von den schwächeren Varianten der Baureihe nicht zu unterscheiden.

Die Verantwortlichen in Stuttgart verzichteten ganz bewusst auf optische Hinweise auf die zusätzliche Leistung der Limousine.

Mit dem 500 E bekam die Beschreibung „Wolf im Schafspelz" eine neue Bedeutung.

Rund 10.500 Zeitgenossen gönnten sich den „Super-Mercedes", der in sechs Sekunden von Null auf 100 km/h beschleunigte.

VOLVO 940

- es lebe die Kante

Das Volvo-Design der 1980er- und 1990er-Jahre war vor allem von Kanten geprägt und sollte so den Anspruch der Schweden in Blech gießen, robuste und sichere Fahrzeuge auf den Markt zu bringen. Der 940 und später der 960 (mit Sechszylinderantrieb) lösten die Modelle der 700er-Baureihe ab. In der Werbung versprach Volvo damals »Sicherheit, Zuverlässigkeit und Langlebigkeit« zu liefern. »Das ist die kürzeste Formel, in der sich das Wertbewusstsein von Volvo ausdrückt. Darin liegt unsere zukunftsorientierte Stärke.«
Die Limousine kam zunächst mit Vierzylinder-Motor als 940 auf den Markt. Der 960 hatte einen Sechszylinder unter der Haube und besaß auch eine bessere Ausstattung sowie eine Mehrlenker-Hinterachse. Der 940 musste sich mit einer Starrachse begnügen. In Dänemark wurde eine Limousine der Baureihe in deutlich gestreckter Form vom Königshaus eingesetzt.

Besonders beliebt waren bei beiden Versionen die Kombis mit ihren riesigen Gepäckfächern im Heck, in denen der Einkauf im schwedischen Möbelhaus problemlos Platz fand.
Der Laderaum ließ sich auf bis zu 2200 Liter vergrößern. Autotester bescheinigten dem 940 ein gutmütiges Fahrverhalten, vermissten aber dynamische Eigenschaften. Vom Vorgängermodell wurde der Radstand von 2,77 Metern bei einer Länge von 4,8 Metern übernommen.

Die Antriebe wurden für die neue Baureihe überarbeitet, wobei die Reihenvierzylinder bereits veraltet waren. Der raue Lauf wurde damals ebenso kritisiert wie die hohen Verbrauchswerte, die sich zumeist im zweistelligen Bereich bewegten. Dennoch fanden die Modelle bei der Stammkundschaft ihre Liebhaber. Das Motorenangebot reichte vom Zweiliter mit 112 PS bis zum 2,3-Liter-Turbo mit 165 PS.

Sicherheit wurde bei Volvo stets großgeschrieben – deshalb kam der 940 auch mit ABS zu den Kunden.

Als wär's bei Lego entstanden:
Beim Design gaben sich die
Volvo-Kreativen die Kante.

Bei der Gestaltung verzichteten die Designer weitgehend auf Chromschmuck.

Schwedisches Design in französischer Umgebung. Der 940 war eine hervorragende Reise-Limousine.

Die Kombiversion des 940 lief der Stufenheck-Variante schnell den Rang ab und wurde zum beliebtesten Modell.

VW GOLF COUNTRY - ab ins Gelände

Eigentlich hätte es der Golf Country nie in die Serie schaffen sollen. »Montana« hieß das Konzeptauto, das Volkswagen 1989 auf dem Genfer Automobilsalon zeigte. Doch dann kam es ganz anders: Die Händler wurden von Kunden überrannt, die unbedingt den Golf fürs Gelände kaufen wollten. Für VW-Verhältnisse ging dann alles sehr schnell.

Bereits 1990 standen die ersten Golf Country bei den Händlern und die Wolfsburger waren – auch nicht selbstverständlich – schneller als die Konkurrenz. Der Toyota RAV4 war noch nicht auf dem Markt und überhaupt kannte damals noch niemand den Begriff SUV.

Der Gelände-Golf nutzte als Basis den allradgetriebenen Golf Syncro. Die Produktion übernahm Magna in Graz, wo bereits der Haflinger von Steyr-Puch und das Mercedes-G-Modell hergestellt wurden. Dort bekam der Golf einen Leiterrahmen aus Stahlrohren, verstärkte Federn und Dämpfer sowie eine auf 18 Zentimeter erhöhte Bodenfreiheit, vier zusätzliche Frontscheinwerfer und eine Unterbodenverkleidung.

Der Antrieb (1,8 Liter, 97 PS) wurde unverändert vom »zivilen« Allrad-Golf übernommen. In der Werbung beschreiben die Marketing-Lyriker einen »ganz besonderen Golf. Ein ein-

Als es offiziell noch keine SUV gab, kam der Golf Country auf den Markt und nahm die spätere Entwicklung vorweg.

zigartiges Spaß- und Freizeitauto mit zahlreichen Ideen, die jeden Individualisten begeistern werden.« Die »Individualisten« sollten für den Fahrspaß damals 32.275 Mark bezahlen.

Wegen der durch den Umbau zusätzlichen Kilos verlor der Golf Country zwar einiges an Temperament, ließ sich aber dennoch durchaus zügig bewegen – nicht nur durchs Gelände. Das blieb allerdings sein Revier. Das Fahrwerk schluckte die übelsten Unebenheiten abseits des Asphalts. 1991 endete der Golf-Ausflug ins Gelände nach 7.735 Exemplaren.

Der Golf Country hatte eine kurze Karriere. Nach 7.735 Exemplaren war die Laufbahn schon beendet.

Der Golf Country war das Vorbild für spätere Allradmodelle aus Wolfsburg.

Im Gelände und bei winterlichen Bedingungen zeigte der Golf Country seine Qualitäten.

Der Gelände-Golf stand für 32.275 Mark bei den Volkswagen-Händlern.

HONDA NSX

- Supersport aus Japan

Der Honda NSX war der erste Supersportwagen aus Japan und fuhr bereits auf Augenhöhe mit den etablierten Konkurrenten.

Japanische Automobile hatten stets einen guten Ruf. Die Modelle von Toyota, Nissan, Mazda und Co waren zuverlässig, gut verarbeitet – aber mit Ausnahmen einiger sportlicher Coupés alles andere als aufregend. Dann kam der Honda NSX und die Marke, die immer wieder ihre Eigenständigkeit bewies, rollte den ersten Supersportwagen auf den Markt. Viele Tester waren sich damals einig, dass der NSX zu den »besten Sportwagen« seiner Zeit zählte – noch vor den Fahrzeugen der in diesem Segment dominierenden italienischen und schwäbischen Mitbewerber. Das japanische Entwicklungsteam hatte die Modelle dieser Konkurrenten genau analysiert, bevor der »New Sportscar Experimental« die automobile Welt überraschte.

Die Technik des NSX war damals den Konkurrenten teilweise weit überlegen. Dazu gehörte die aus Aluminium hergestellte Karosserie, die elektronische Drosselklappensteuerung, Zündkerzen mit Platin-Elektroden oder die aus Titan gefertigten Pleuel. Der Dreiliter-V6 erreichte ein maximales Drehmoment von 284 Newtonmeter. Dank der 274 PS (201 kW) beschleunigte das gerade 1,3 Tonnen schwere Mittelmotor-Coupé in 5,9 Sekunden aus dem Stand auf 100 km/h, bei 270 km/h war die Höchstgeschwindigkeit erreicht.

Bei den abschließenden Abstimmungsfahrten verließ sich Honda auf den damals besten Rennfahrer. Ayrton Senna übernahm die Aufgabe, dem NSX den endgültigen Feinschliff zu verpassen.

Im Motorsport war der Honda NSX eine akzeptierte Größe.

Da legt der Weltmeister selbst Hand an. Ayrton Senna pflegt seinen NSX.

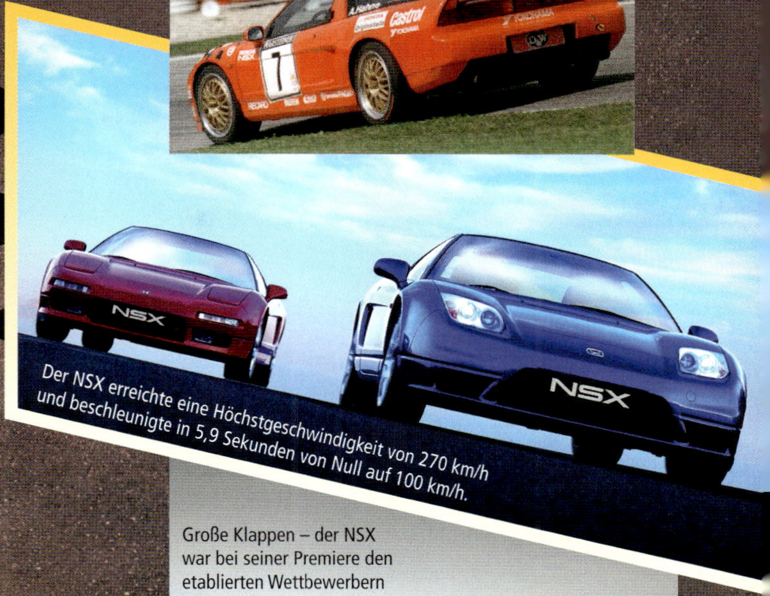

Der NSX erreichte eine Höchstgeschwindigkeit von 270 km/h und beschleunigte in 5,9 Sekunden von Null auf 100 km/h.

Große Klappen – der NSX war bei seiner Premiere den etablierten Wettbewerbern überlegen.

Das Design des japanischen Supersportlers trug klassische italienische Linien.

British Racing Green für einen japanischen Sportwagen – passt.

Die drei Buchstaben NSX standen für »New Sportscar Experimental«.

LAMBORGHINI DIABLO - einfach teuflisch

Der Diablo kam als Nachfolger des Countach auf den Markt, übernahm aber dessen V12.

Dem Designer Marcello Gandini gelang mit dem Diablo eine aufregende Silhouette.

Im Heck des Diablo arbeitete ein bewährter V12-Zylinder, der 492 PS leistete.

Die Flügeltüren machten den Einstieg nicht unbedingt einfach, waren aber zweifellos ein Hingucker.

Die Entwicklung des Diablo, der den legendären Countach ablöste, begann bereits 1985. Die Ingenieure in der Emilia Romagna hatten ein ehrgeiziges Ziel: Das neue Coupé sollte das schnellste Serienfahrzeug der Welt werden, was sich in ein Spitzentempo von mindestens 320 km/h übersetze. Das war zwar für die meisten Kunden, die nicht in der Nähe eines Renn-Ovals wohnten, ein höchst theoretischer Wert, doch auf der Strecke von Nardo im Süden Italiens wurde ein Diablo mit 337 km/h gestoppt – und auch bei unabhängigen Testfahrten erreichte der Diablo 325 km/h. Mission geglückt.
Der Diablo war gegenüber dem Countach größer, schwerer und leistungsstärker, übernahm von seinem Vorgänger aber den überarbeiteten V12-Zylinder samt Getriebe. Damals gehörte Lamborghini zum US-amerikanischen Chrysler-Konzern und deshalb musste der Designer Marcello Gandini mehrere Entwürfe einreichen, bis die endgültige Form die Zustimmung der Konzernleitung fand.
Gandini hatte lange für Bertone gearbeitet und dort unter anderem Großserienmodelle für Citroën, Fiat und BMW entworfen. Später machte er sich selbstständig und gründete sein eigenes Designbüro. Im Vergleich zum Countach war der Diablo-Innenraum deutlich leichter zu erreichen und wieder zu verlassen. Die Karosserie bestand aus der in der Zeit üblichen Kombination aus Stahl, Leichtmetall und kohlefaserverstärktem Kunststoff. Der Cw-Wert lag bei 0,31.
Der V12-Zylinder im Diablo war gegenüber dem Countach-Antrieb auf 5,7 Liter gewachsen, er leistete 492 PS (362 kW). Als erstes Lamborghini-Modell besaß der Diablo eine Saugrohr-Einspritzanlage, die von den Ingenieuren der Marke entwickelt worden war. Der 1990 vorgestellten ersten Ausgabe folgte drei Jahre später eine Variante mit Allradantrieb.

Fahrer und Begleiter waren durch eine wuchtige Mittelkonsole getrennt.

Der Diablo machte schon im Stand einen rasanten Eindruck. Als Höchstgeschwindigkeit sind 337 km/h verbrieft.

Die Informationszentrale war übersichtlich gestaltet.

Februar 1990

Am 21. Februar fühlten sich alle Zeitgenossen, die mit dem Aufkommen der privaten Fernsehsender den Untergang des Abendlands befürchteten, bestätigt. An diesem Abend ging nach 22 Uhr bei RTL die Sendung »Tutti Frutti« an den Start. Die RTL-Verantwortlichen hatten in Italien die Erotik-Spielshow »Colpo Grosso« (der große Coup) entdeckt und für Deutschland adaptiert. In dem Programm traten offensichtlich exhibitionistisch veranlagte Zeitgenossen an und legten nach und nach ihre Kleidung ab, bis sie am Ende mehr oder weniger entblößt waren. Moderator der ersten erotischen Spielshow im deutschen Fernsehen, die bis 1993 im Programm blieb, war Hugo Egon Balder. Erotische Inhalte wurden damals in den ersten Jahren des Privatfernsehens von fast allen Sendern genutzt, um ihre Quoten zu optimieren.

TOYOTA J8

- Luxux fürs Gelände

Die Geschichte des Toyota Land Cruiser beginnt mit einer Ausschreibung der japanischen Regierung, die 1950 ein Allradfahrzeug für die »Nationale Polizeireserve« (daraus wurden später die Selbstverteidigungsstreitkräfte Japans) suchte. Das Ergebnis war 1951 der BJ, der aber die Militär-Verantwortlichen nicht überzeugen konnte. Der BJ ging dennoch in Serie und wurde vor allem von Forstbehörden und der US-amerikanischen Besatzungsmacht genutzt. Als Antrieb hatten die Entwickler einen Dieselmotor mit 3,4 Liter Hubraum und 86 PS (63 kW) gewählt.

Aus diesen bescheidenen Anfängen entwickelte sich eine Gelände-Legende, die wegen ihrer Unverwüstlichkeit vor allem in Südamerika, Arabien und Afrika den Markt eroberte. Dieser Erfolg bereitete später Land Rover Probleme, weil der Land Cruiser eine bereitere Spur hatte und der Defender schlicht nicht in die frei gefahrene Spur passte.

1990 kam mit dem intern J8 genannten Land Cruiser ein Modell auf den Markt, mit dem zum ersten Mal Komfort in den robusten Geländegänger kam. Im Gegensatz zu seinem rustikalen Vorgänger besaß der J8 eine Zentralverriegelung, elektrische Fensterheber, Klimaanlage sowie eine optionale Lederausstattung. Unverändert blieben die herausragenden Eigenschaften abseits der gepflegten Straßen.

Zusammen mit dem Pickup Hilux war der Land Cruiser das erste Fahrzeug, das – gesteuert von der Crew der britischen TV-Sendung Top Gear – den Nordpol erreichte.

Der J8 (das »J« steht für Gelände) kam 1990 auf den Markt und wurde von Dieselmotoren (bis 170 PS) und Reihensechszylinder (bis 205 PS) angetrieben. Der J8 entwickelte sich schnell zu einem beliebten Modell, auch bei Kunden, die nie abseits der Straßen fahren wollten. Diese Popularität hatte aber auch eine Schattenseite. Damals war der Geländegänger auch bei Autodieben besonders beliebt und zeitweise das in Deutschland am meisten gestohlene Fahrzeug.

Geht nicht gibt's nicht. Der Landcruiser findet immer einen Weg.

Und wenn die Lokomotive ausfällt, hilft der Landcruiser aus.

Auch als Packesel für Freizeitaktivitäten eignet sich der Geländegänger.

Wasserdurchfahrten sind für den Toyota Landcruiser mit einer Wattiefe von 700 Millimetern kein Problem.

Auch für den profanen Alltag eignete sich der Landcruiser.

Bei Baustellen-Managern war und ist der Landcruiser ein beliebter Dienstwagen.

TOYOTA PREVIA

- die Familienkutsche

Mit dem Previa antwortete Toyota auf den von Chrysler auf den Markt gerollten Voyager.

Der Innenraum glich einem geräumigen Wohnzimmer – wenigstens in der Werbung.

In den 1980er-Jahren eroberte ein neues Fahrzeugsegment die internationalen Märkte. Chrysler-Chef Lee Iacocca stand hinter der Modellfamilie und präsentierte damals mit dem Plymouth Voyager das erste Modell dieser geräumigen Familientransporter – bald antworteten daie meisten Hersteller mit ihren eigenständigen Modellen.
1990 brachte Toyota den Previa auf den Markt, der das Model F ablöste. Mit einer Länge von 4,75 Metern gehört der Previa zu den größeren Vertretern seiner Art, hatte ausreichend Platz für acht Insassen und überraschte mit einer technischen Besonderheit.

Waren die Mitbewerber nach dem vertrauten Prinzip mit Frontmotor entwickelt worden, so ließen sich die Toyota-Ingenieure eine Unterflur-Lösung einfallen und platzierten den Motor zwischen der Vorder- und Hinterachse. Diese Mittelmotor-Lösung kannte man bis dahin eigentlich nur aus der Welt der Sportcoupés. Damit erreichten sie einen größeren Innenraum sowie eine ausgeglichene Gewichtsverteilung.
Allerdings gab es im Modellprogramm keinen Antrieb, der in das Konzept passte. Also wurde speziell für den Previa ein neuer Motor entwickelt, der aber auch Nachteile hatte. Für Wartungsarbeiten war der Antrieb nur schwer zu erreichen und der Heckantrieb hatte im Winter seine Schwächen, sodass die ausgefallene Lösung beim Nachfolger wieder aufgegeben und der Van auf Frontantrieb umgestellt wurde.
Die Wartungsarbeiten waren für die Mechaniker herausfordernd. Damit die Inspektionen ausgeführt werden konnten, mussten zum Beispiel zunächst der rechte Vordersitz und das Bodenblech vorne rechts ausgebaut werden. Unter der kurzen Fronthaube waren alle Zusatzaggregate untergebracht worden, für die der Platz in der Bodengruppe schlicht zu knapp war.
Die Leistung wurde von einem manuellen Fünfganggetriebe oder einer Viergangautomatik an die Hinterräder übertragen. Als Antrieb hatten die Toyota-Entwickler dem Van einen 2,4-Liter-Benziner mit 132 PS bis 160 PS oder einen 2,2 Liter Diesel (74 kW) spendiert.

Für den Antrieb wählten die Toyota-Entwickler eine Unterflur-Lösung, was die Wartung nicht einfacher machte.

Die beiden Glasdächer brachten Licht in den großzügigen Innenraum.

Der Clio löste den Renault 5 ab und war in allen Bereichen gewachsen – ein klarer Aufstieg.

1991
Renault Clio

Im Gegensatz zu seinem Vorgänger hatte der Clio vier Türen, was ihn vor allem bei Familien beliebt machte.

Benannt wurde der »Clio« nach der griechischen Muse der Geschichtsschreibung.

Mit seinen Fahrleistungen überzeugte der Clio auch eine jüngere Kundschaft.

Bei der Suche nach dem Namen für ihr neue Modell begaben sich die Marketing-Poeten der Régie des Usines Nationale Renault in die Sagenwelt der Antike und fanden dort die griechische Muse der Geschichtsschreibung »Clio«. »Netter kurzer Name« haben sich die Verantwortlichen wahrscheinlich gedacht und gaben die Typenschilder für den neuen Kleinwagen in Auftrag.
Bis zum Clio hatten die Renault-Modelle Nummern getragen. Auch bei der Stufenheckversion bedienten sich die Namenssucher bei antiken Vorbildern und tauften die Variante nach der Muse Dichtung »Thalia«. In Deutschland wurde der Clio im Rahmen des damals traditionellen Renault-Balls in einem Kölner Luxushotel präsentiert, und am nächsten Morgen durften die Journalisten mit einem Test-Clio die Heimfahrt antreten.
Ein Jahr nach dem Marktstart wurde der Kleinwagen zum europäischen Auto des Jahres befördert. Die Jury begründete ihre Entscheidung mit »außergewöhnlichem Stil, guten Qualitätsniveau, großzügig bemessenem Innenraum und Gepäckabteil sowie einer Ausstattungsfülle wie nie zuvor in einem Fahrzeug dieser Größe von einem Großserienhersteller.« Mit dem Clio kam in der Tat ein Kleinwagen auf den Markt, bei dem die Kundschaft keinen Verzicht üben musste und der Ausstattungsdetails bot, die man bis dahin nur in höheren Segmenten fand. Die Kunden folgten dem Urteil und machten den Clio zum weltweit erfolgreichsten französischen Auto. Bis heute ist der Clio Bestandteil der Renault-Modellpalette. Mit einer Länge von 3,70 Metern übertrifft er die Abmessungen des Renault 5 um zwölf Zentimeter, war zudem deutlich besser ausgestattet als der »Fünfer«, der noch drei Jahre parallel zum Clio hergestellt wurde.
Als Antrieb standen am Anfang ein 1,2 Liter-Vierzylinder (60 PS) und ein 1,4-Liter mit 80 PS im Modellprogramm. Die Dieselfraktion wurde mit einem 1,9-Liter-Motor (65 PS) bedient.

Der Clio machte auch außerhalb der urbanen Zentren eine gute Figur.

Der Clio entwickelte sich schnell zum bestverkauften französischen Automobil.

Auch für die entspannte Landpartie eignet sich der Clio.

Klein und dynamisch – der 1,4-Liter-Motor spendierte dem Kleinen eine mehr als ausreichende Beschleunigung.

Mit dieser Idylle irgendwo in der französischen Provinz warb Renault für den neuen Kleinwagen.

Dem Viertürer folgte bald auch eine zweitürige Variante in der Modellpalette.

Beim Design verzichteten die Kreativen bewusst auf jeglichen Chromschmuck.

MERCEDES S-KLASSE - die Superklasse

Die S-Klasse war über Jahrzehnte das Maß aller Dinge in der Welt der Luxus-Automobile. Doch in den 1980er-Jahren begann der Münchner Konkurrent aufzuholen. Mit dem Zwölfzylinder in der Siebener-Baureihe gelang es BMW sogar, die Stuttgarter zu überholen. In der Daimler-Vorstandsetage hatte man den Aufstieg verfolgt und festgestellt, dass ein vergleichbares Modell in der Angebotspalette fehlte. Besonders peinlich für die selbstbewussten Stuttgarter war dann ein Vergleichstest von »auto motor und sport«, bei dem der 560 SEL dem BMW 750 iL unterlag. In der schwäbischen Metropole läuteten die Alarmglocken. Auch in der 1991 vorgestellten Neuauflage der S-Klasse (W140) fehlte der prestigeträchtige Antrieb. Seit 1981 hatten die Entwickler an der neuen Baureihe gearbeitet, der Produktionsstart war eigentlich bereits für 1989 vorgesehen, doch dann kam auch noch ein Japaner auf den Markt, der ebenfalls auf Augenhöhe mit dem Platzhirsch fuhr. Der LS von Lexus, Toyotas Luxusmarke, war in den Abteilungen Ausstattungen, Qualität und Fahrverhalten eine Alternative. Also wurde der Serienstart verschoben und Verbesserungen vorgenommen. Wegen der damit verbundenen Kostenüberschreitung verlor Daimler-Entwicklungschef Wolfgang Peter seine Stellung.

Das Design der wuchtigen neuen S-Klasse stammte vom Team um den langjährigen Chefdesigner

Die Luxuslimousine übernahm vom W201 die Raumlenkerachse im Heck.

Das Design stammte von einem Team um Chefdesigner Bruno Sacco.

Mit ihren gewachsenen Abmessungen war die S-Klasse eine beeindruckende Erscheinung.

Das wuchtige Design der neuen S-Klasse war umstritten, trotzdem griffen die Kunden zu – besonders im Ausland.

Die Frontpartie strahlte das Selbstbewusstsein der Stuttgarter Premiummarke aus.

Trotz seiner gewachsenen Abmessungen war die S-Klasse wie alle Vorgänger eine elegante Erscheinung.

Die Aerodynamik der S-Klasse wurde im hauseigenen Windkanal optimiert.

Mercedes ist nicht nur S-Klasse, sondern auch der weltweit größte Lkw-Hersteller, hier symbolisiert durch die 1988 präsentierte SK-Baureihe.

Eine S-Klasse im Schnee. Dank Schneeketten kein Problem für die Luxuslimousine.

Bruno Sacco. Der Auftritt der neuen Baureihe war durchaus umstritten. Die neue Formensprache und die voluminösen Abmessungen lösten Kontroversen aus, in den Medien kritisierten Fachleute das neue Luxusautomobil. Für Reisezüge war die Limousine zu breit, auch die Zuladung wollte nicht so recht zum ausladenden Format passen. Die S-Klasse bot allerdings eine Vielzahl von Komfortelementen wie zum Beispiel den elektrisch verstellbaren Innen-Rückspiegel (!). Um das Einparken zu erleichtern, fuhren beim Einlegen des Rückwärtsgangs Peilstäben an den hinteren Kotflügeln aus. Eine Ultraschall-Einparkhilfe, die Toyota bereits 1982 eingeführt hatte, wurde erst 1995 gegen Aufpreis als »Parktronic« angeboten.

Um die Konkurrenz zu überbieten, hatte man sogar geplant, einen V16-Zylindermotor zu bringen. Der »800 SEL« mit 540 PS (397 kW) war als Spitzenmodell vorgesehen, wurde aber nach der Kritik der Fachpresse wieder fallengelassen. So blieb es beim V12-Zylinder im S 600 und S 600 L, für den Daimler einen bescheidenen Aufpreis von 65.000 Mark berechnete. Der Zwölfzylinder leistete 408 PS (300 kW) und beschleunigte den Zweitonner auf elektronisch abgeregelte 250 km/h. Die Motorenpalette reichte anfangs vom 2,8-Liter-Sechszylinder mit 193 PS (142 kW) bis zu einem Vierliter-V8-Aggregat mit 286 PS (210 kW). Später ergänzte noch ein Sechszylinder-Turbo-Diesel mit 3,5 Liter Hubraum und 150 PS (110 kW) das Angebot.

Beim Fahrwerk übernahmen die Entwickler die Raumlenkerachse aus dem »Baby-Benz« 190, außerdem spendierten die Ingenieure dem W140 die damals neuartige Vernetzung der Steuergeräte über einen sogenannten CAN-Bus, dank der Doppelverglasung wurden die Passagiere in der Luxus-Limousine von akustischen Belästigungen verschont. Der W140 war so konstruiert, dass die Limousine am Ende ihrer Laufzeit weitgehend recycelt werden konnte. Auch die kleinsten Kunststoffteile waren entsprechend gekennzeichnet, um sie weiterverwerten zu können. Für diese Maßnahme wurde die S-Klasse 1992 von der US-amerikanischen Umweltbehörde EPA mit dem »Stratospheric Ozone Protection Award« ausgezeichnet.

Die Baureihe W140 kam auch im Vatikan zum Einsatz. Für Papst Johannes Paul II. hatten die Stuttgarter eine Landaulet-Version hergestellt.

AUDI CABRIOLET

- Offenes aus Ingolstadt

In den 1990er-Jahren gab es noch eine große Auswahl für die Freunde des offenen Fahrens. Bei Audi in Ingolstadt wählten die Verantwortlichen kurz und bündig die Typenbezeichnung Cabriolet – und verschwiegen dabei die Basis des Viersitzers mit Faltverdeck.

Als Plattform wählten die Ingolstädter das Audi Coupé, doch offensichtlich wollten die Marketing-Experten die Verwandtschaft zum biederen Audi 80 gar nicht erst aufkommen lassen. Technisch war das Cabriolet aber mit dem Audi 80 identisch. Fahrwerk und Antrieb wurden übernommen, auch die Karosserie blieb unverändert, wurde lediglich für den neuen Einsatz an den entscheidenden Stellen verstärkt. Nur der verchromte Silberrahmen um die Windschutzrahmen wurde neu entworfen.

Beim Produktionsstart 1991 war als einziger Antrieb der bewährte 2,3-Liter-Fünfzylinder mit 133 PS (98 kW) lieferbar. Später wurde das Angebot deutlich ausgeweitet und 1995 kam als weltweit erstes Cabriolet ein 1,9-Liter-Diesel in die Motorenpalette. Der von Audi oft versprochene Allradantrieb schaffte es nie in die Modellpalette und so blieb es bis zum Produktionsende beim Frontantrieb. Tester bemängelten damals eine mangelhafte Steifigkeit der Karosserie, lobten aber gleichzeitig die Vollverzinkung, sodass das Cabriolet weitgehend vor Korrosion geschützt war.

Das Audi-Cabriolet nutzte die Plattform des Audi 80, doch das verschwiegen die Ingolstädter Verantwortlichen.

Das Verdeck verschwand vollständig in einem dafür integrierten Abteil.

Das Audi Cabriolet verzichtete auf einen Überrollbügel.

Ein Windschott schützte vor allzu viel Zugluft.

Auch geschlossen war das Cabriolet eine gutaussehende Erscheinung.

Bei den Lackierungen standen auch ausgefallenere Farbtöne zur Wahl.

BUGATTI EB110

- eine Legende wird wiederbelebt

1956 hatte der letzte Bugatti die Fabrik im elsässischen Molsheim verlassen. Die französische Sportwagenmarke teilte das Schicksal mit den anderen Luxusmarken der Grande Nation, für die in der Nachkriegszeit kein Markt mehr vorhanden war. Irgendwie lebte Bugatti aber weiter, die Marke entwickelte sich zu einem Mythos. Um den Hersteller bildete sich eine Gemeinde von Gläubigen, die daran glaubten, dass Bugatti irgendwann wiederauferstehen würde. 1991 erfüllte der italienische Finanzmakler Romano Artoli diesen Traum und präsentierte am 15. September 1991, am 110. Geburtstag des Firmengründers Ettore Bugatti, den EB 110.
Das Design des EB 110 stammte von Marcello Gandini, der schon den legendären Lamborghini Countach entworfen hatte. Artoli hatte für sein Projekt eine Fabrik bauen lassen und berechnete 690.000 Mark für seine Schöpfung. Im Preis enthalten war ein Wartungsvertrag, nach dem drei Jahre lang alle Verschleißteile kostenlos ersetzt wurden. Waren die Ur-Bugattis noch eher spartanisch ausgestattet, so kam der EB110 mit einem Antiblockiersystem, Klimaanlage, Servolenkung, elektrisch einstellbaren Sitzen und einer aufwendigen Audioanlage von Nakamichi zu den Kunden. Zu denen gehörte unter anderem Michael Schumacher. Die Höchstgeschwindigkeit wurde mit 342 km/h bis 355 km/h angegeben.
Für den Bugatti EB 110 wurde ein 3,5-Liter-Zwölfzylinder-Motor mit fünf Ventilen je Zylinder und vier IHI-Turboladern mit Ladeluftkühlung entwickelt. In der GT-Version leistete der Antrieb 560 PS (411 kW), im EB 110 SS standen 611 PS (450 kW) bereit. Für das Gepäck – auch Bugatti-Kunden wollten vielleicht auf große Fahrt gehen – gab es einen 72 Liter fassenden »Kofferraum«, für den ein maßgeschneiderter Koffer geliefert wurde.
1995 endete die Wiedergeburt der Marke mit dem Konkurs der Bugatti Automobili SpA, die Produktion wurde eingestellt. Der ehemalige Rennfahrer Jochen Dauer übernahm die Konkursmarke, doch weil inzwischen Volkswagen die Markenrechte übernommen hatte, rollte der EB 110 SS als Dauer EB 110 SS auf den Markt. 2008 endete die Produktion.

Der EB110 erschien zum 110. Geburtstag des Firmengründers Ettore Bugatti.

Das „Gepäckabteil" war bescheidene 72 Liter groß. Die Kunden konnten maßgeschneiderte Koffer ordern.

Die „Uhrensammlung" im Cockpit war vollständig. Das Lenkrad war allerdings eine einfache Lösung.

Die Flügeltüren waren ein Markenzeichen von Gandini und durften auch beim Bugatti nicht fehlen.

Das Design der Bugatti-Neuauflage stammte von Marcello Gandini, der bereits den Lamborghini Countach entworfen hatte.

CITROËN ZX

- der Nachzügler

Mit dem Golf hatte Volkswagen ein neues Fahrzeugsegment auf den Markt gebracht, und alle Mitbewerber zogen nach. Alle? Nein, bei Citroën dauerte es etwas länger bis die französische Marke ihr Angebot für die Kompaktklasse bereit hatte.
Als dann endlich der ZX 1991 zu den Händlern kam, zeigte das Fließheckmodell dann einige Neuheiten, die es so nicht bei den Mitbewerbern gab. Als erstes europäisches Fahrzeug hatte der ZX eine längsverschiebbare Rückbank und in der Neigung verstellbare Rückenlehnen im Fond. Die Entwickler in Paris nahmen außerdem ein Metermaß in die Hand und stellten erfreut fest, dass der ZX den längsten Innenraum seiner Klasse besaß. Außerdem hatten sie dem kompakten Citroën eine mitlenkende Hinterachse spendiert, die ein leichtes Einlenken der Hinterräder ermöglichte, was die Straßenlage deutlich verbesserte.
Die Motorpalette begann mit einem 1,4-Liter-

Der ZX rollte spät in die Golfklasse und besaß ein unauffälliges Design, überzeugte aber mit seinen „inneren Werten".

Der ZX besaß den längsten Innenraum seiner Klasse und eine mitlenkende Hinterachse.

Für größere Transportvorhaben brachte Citroën auch eine Kombiversion an den Start.

Vierzylinder mit 75 PS (55 kW), gefolgt von einem 1,6-Liter-Motor mit 88 PS (65 kW), der auch mit 120 PS (88 kW) lieferbar war. Mit dem neuen Modell unterstrich Citroën seinen Auftritt als Generalist. Auf der IAA 1991 wurde das Antriebsportfolio um ein Diesel-Aggregat (1,9 Liter) ergänzt, das die französische Zeitschrift »Auto Moto« zum »Diesel-König« beförderte. Wenig überraschend zeichnete die »Association française de la presse automobile« (französischer Verband der Automobilpresse) den ZX mit einer Goldmedaille aus.

Parallel zur Vorstellung des Serienmodells stellte Citroën den 300 PS starken ZX Rallye Raid mit Allradantrieb vor und verkündete den Einstieg der Marke in den internationalen Motorsport. Bis zum Ausstieg aus der Rallye-Raid-Serie gewann Citroën fünfmal die Konstrukteurs-Meisterschaft. Bei der Rallye-Paris-Dakar war die Marke dreimal in Folge erfolgreich.

Citroën stand für Komfort, und deshalb hatte der ZX eine längsverschiebbare Rückbank und eine in der Neigung verstellbare Rückenlehne im Fond.

CHRYSLER VOYAGER - der Retter

Was kann ein CEO machen, wenn sein Unternehmen in schweres Wasser gerät? Im Fall von Lee Iacocca war die Lösung nicht nur ein neues Modell, sondern ein neues Konzept. Der Mann, dem die automobile Welt unter anderem den Ford Mustang verdankt, hatte den Erfolg des Volkswagens Bulli in den USA analysiert und gab seinen Entwickler den Auftrag, eine amerikanische Antwort auf den »VW Microbus« zu entwickeln. Das Ergebnis war eine Modellfamilie: Dodge Caravan, Plymouth Voyager und Chrysler Town & Country.
Das neue Konzept hatte überwältigenden Erfolg – bald zogen alle Hersteller nach und brachten ihre Versionen des Themas auf den Markt. Erst die »sportlichen Nutzfahrzeuge« oder SUV beendeten die Erfolgsgeschichte dieser Fahrzeugklasse.

Zunächst waren die Chrysler-Modelle ausschließlich in den USA auf dem Markt. 1991 kam der Chrysler Voyager nach Europa und wegen der großen Nachfrage wurden die europäischen Voyager im österreichischen Eurostar Automobilwerk in Graz produziert. Die Europa-Versionen übernahmen weitgehend das Design des Dodge Caravan und trugen auch den für die Marke typischen Kühlergrill.
Das Motorenangebot umfasste Antriebe mit 2,5, 3,0 (von Mitsubishi) und 3,3 Liter. Mit dem Start der österreichischen Produktion rollte auch ein Dieselantrieb in die Baureihe. Der 2,5-Liter-Motor des italienischen Herstellers VM Motori war ein rauer Geselle, aber sparsam. Der Voyager wurde mit Front- und Allradantrieb angeboten.

Mit dem Voyager startete der von Krisen geschüttelte Chrysler-Konzern ein neues Segment und kehrte auf die Erfolgsspur zurück.

Der Voyager war auch in Europa erfolgreich. Um die Nachfrage befriedigen zu können, wurde der Van auch in Österreich produziert.

Die erste Voyager-Generation war noch kompakt. Später wuchs der Familientransporter deutlich.

Das Cockpit war vollständig ausgestattet und hatte ein eher sachliches Design.

OPEL ASTRA

- neuer Name, neues Spiel

Im Olympiajahr 1936 rollte der erste Kadett in die Opel-Modellpalette. 1991 hatte er ausgedient und wurde von dem neuen Astra abgelöst.
Die Entscheidung, den traditionsreichen Namen auszumustern, war in den USA gefallen. Die Führung von General Motors hatte damals entschieden, dass Opel und der britische GM-Ableger Vauxhall vereinheitlichte Typennamen tragen sollten – und in Großbritannien lief der Kadett bereits als Astra von den Bändern. Opel hatte bereits andere traditionsreiche Bezeichnungen seiner Modelle aussortiert und durch Kunstnamen ersetzt. So wurde aus dem Rekord der Omega, der Ascona mutierte zum Vectra.

Der Opel Astra wurde im September auf der IAA in Frankfurt zum ersten Mal als zwei- beziehungsweise viertürige Schräghecklimousine mit Heckklappe vorgestellt. Einen Monat später folgte der fünftürige Caravan – wenigstens diese Bezeichnung hatte überlebt. Die Variante entwickelte sich zu einem der erfolgreichsten Kombis im Kompaktsegment. 1992 folgte noch eine Stufenheck-Variante für eher konservativ eingestellte Märkte. Zwei Jahre später kam noch ein Cabriolet, das in der italienischen Designschmiede Bertone gefertigt wurde. Dabei diente die Stufenheck-Variante als Basis. Bertone hatte bei der Konstruktion des Verdecks auf eine Abdeckung des Verdeckkastens verzichtet, sodass die Persenning wie beim Golf Cabrio manuell mit Druckknöpfen befestigt werden musste, worauf die meisten Fahrer wegen der umständlichen Handhabung verzichteten.

„Kadett" klang den GM-Verantwortlichen zu Deutsch, und deshalb rollte die Neuauflage des kompakten Opel als Astra auf den Markt.

Beim Design setzten die Kreativen auf eine Fortsetzung der Formensprache des Kadetts. Das Motorenangebot reichte vom 1,4-Liter-Vierzylinder mit 60 PS bis zum Zweiliter-Antrieb mit 150 PS in der sportlichen GSi-Variante. Bereits im Dezember 1991 wurde ein Dieselantrieb nachgereicht. Der 1,7-Liter-Nagler kam auf überschaubare 57 PS. Alle Benzinmotoren besaßen eine elektronische Einspritzung. Die Leistung wurde bei den meisten Varianten von einem Fünfganggetriebe an die Vorderräder übertragen.
Bei der Entwicklung spendierten die Entwickler dem Astra ein ganzes Bündel an aktiven und passiven Sicherheitselementen. Außerdem wies die Karosserie eine hohe Torsionssteifigkeit auf. Im Innenraum waren die Sitze so konstruiert, dass ein Wegtauchen bei einem Frontaufprall vermieden wurde. Von Frühjahr 1993 an wurde außerdem gegen Aufpreis ein Fahrerairbag angeboten. ABS stand von Beginn an in der Aufpreisliste.
Der Astra ging bald auf Welttour. In Südamerika wurde er als Chevrolet angeboten, in Australien als Holden. In Südafrika stand die Stufenheckversion als Astra bei den Händlern, während die Schrägheckvariante weiter als Opel Kadett angeboten wurde. Vom Caravan gab es zahlreiche Sonderkarosserien. Dazu gehörte sogar ein Leichenwagen mit einem verlängerten Radstand.

Der Astra kam als Vier- und Zweitürer sowie als Kombi mit großzügigem Ladeabteil zu den Händlern.

Im Kombi war ausreichend Platz für die Freizeitaktivitäten seiner Besitzer und der nächsten Generation.

In der Rüsselsheimer Designabteilung bekam der neue Astra den letzten Schliff.

Die Kombi-Version des Astra stand in einer langen Tradition. Bereits der Ur-Kadett kam als Caravan zu den Kunden.

PEUGEOT 106

- eine neue Nummer

Die Zahlenspiele von Peugeot – die älteste heute noch produzierende Automarke der Welt – sind für Außenstehende nicht immer logisch und folgen doch einem genau definierten System. Dem Peugeot 104 folgte nicht etwa ein 105, sondern der 106, wobei die »1« das Segment bezeichnet, im konkreten Fall also Kleinwagen und die »6« für die sechste Generation steht. Der 106 war somit das erste Fahrzeug dieser neuen Generation und sollte das Angebot der Marke in diesem Segment der kleinen Stadtwagen erweitern. 1991 machte diese Klasse in Europa rund 40 Prozent der Zulassungen aus.
Für die Markteinführung am 12. September 1991 hatten die Marketing-Lyriker in Paris eine besonders blumige Beschreibung geschaffen. Der 106 sollte nicht weniger als »ein Feuerwerk der Sympathie« sein, »umhüllt von einem Lächeln und gekleidet in Charme, der sich in seinen 3,56 Metern voller Überraschungen und Staunen zu Hause fühlt. Er ist eine Ikone der Eleganz und Verführung, ein Auto mit Frontantrieb und quer eingebauten Motor, das mit dem Know-how und der Tradition von Peugeot entwickelt wurde.«

Der kleine Peugeot kam zunächst als Dreitürer auf den Markt, 1992 folgte die viertürige Version. Durch die weit öffnende Heckklappe ließ sich ein überschaubarer Stauraum beladen. Bis zum Ende der Produktion im Jahr

Mit dem 106 etablierte sich Peugeot im Segment der kleinen Stadtwagen. Trotz seiner bescheidenen Abmessungen war der Innenraum großzügig geraten.

Der 106 war vor allem in Frankreich erfolgreich, fand aber auch im Ausland seine Liebhaber.

Das Design des kleinsten Peugeot fügte sich nahtlos in die Formensprache der Marke ein.

Als Viertürer sprach der Stadtwagen vor allem Familien an.

2003 fanden knapp 2,8 Millionen 106 einen Käufer. Als Antrieb wählten die Entwickler für den Fronttriebler Motoren mit 908 ccm bis 1,6 Litern sowie einen 1,6-Liter-Diesel.
Um die Nachfrage zu steigern, kam der 106 mit rund 20 Sonderserien auf den Markt. Dazu gehören die besonders hochwertig ausgestatteten Roland-Garros-Modelle sowie der 106 Zenith, der Kid mit Jeanssitzen und der humoristisch angehauchte 106 Cartoon. Carl Lagerfelds zeitweise Muse Inès de la Fressange wurde ebenfalls mit einer speziellen Version geehrt. In der Werbung zeigte sich die ansonsten eher konservative Firma erstaunlich humoristisch und warb unter anderem mit dem Slogan: »Ein Gentleman wird alles tun, um sich das Auto seiner Frau zu leihen.«
Vom biederen Stadtwagen gab es auch sportliche Versionen wie den 106 Rallye oder die stärkste Version, den 106 S16 mit 120 PS (88 kW). Peugeot war damals seiner Zeit deutlich voraus, und so mutierte der 106 zum Elektromobil und hielt bis zum Jahr 2010 den Absatz-Weltrekord für elektrisch angetriebene Kleinwagen. Insgesamt wurde die E-Version allerdings nur 3.550 Mal verkauft.

PORSCHE 968

- der Nachfolger

Der 968 sollte Porsche vor allem in den USA, dem wichtigsten Markt des Unternehmens, wieder auf die Erfolgsspur bringen.

Aus Kostengründen übernahm der 968 viele Elemente des 944, den das Modell ablöste.

Mit dem Porsche 968 erreichte die Transaxle-Technik ihre letzte Entwicklungsstufe. Das neue Coupé kam in für die Stuttgarter Sportwagenschmiede schweren Zeiten auf den Markt. Vor allem in den USA, für Porsche traditionell der wichtigste Markt, war das Interesse an Sportwagen deutlich zurückgegangen. Der seit zehn Jahren unverändert angebotene 944 hatte seinen Zenit längst überschritten. Dabei stellten die Transaxle-Modelle 924 und 944 Mitte der 1980er-Jahre mehr als die Hälfte der verkauften Porsche-Fahrzeuge und damit die wirtschaftliche Grundlage.
Nun war es an der Zeit, einen Nachfolger für

Die Frontpartie des 968 übernahm Designelemente des größeren 928.

Unter der Haube des 968 arbeitete der bewährte Dreiliter-Vierzylinder, das hubraumgrößte Aggregat seiner Art.

Die Seitenansicht wurde unverändert vom 944 übernommen, was die Kundschaft nicht weiter störte.

die Bestseller zu finden, um die Zukunft des Herstellers zu garantieren. Dabei sollte der Neue gleichzeitig deren Formensprache aufgreifen – so entstand der 968. Es galt, Entwicklungskosten zu sparen und so modifizierten die Kreativen die Karosserie lediglich an der Front und am Heck. Die Seitenansicht offenbarte die enge Verwandtschaft zum Vorgänger. Die Frontpartie übernahm mit den Klappscheinwerfern Elemente des 928, am Heck waren die Leuchten rund und rot eingefärbt. Das Ergebnis der Überarbeitung war eine im Vergleich zum 944 deutlich aerodynamischere Form. Im unveränderten Innenraum fühlten sich die 944-Kunden auf Anhieb zuhause. Unter der Motorhaube kam der bereits aus dem 944 S2 eingesetzte Reihenvierzylinder in überarbeiteter Form mit drei (!) Litern Hubraum zum Einsatz. Zum ersten Mal wurde beim 944 die patentierte »Vario Cam« übernommen, was sich beim 240 PS (176 kW) leistenden Vierzylinder durch einen bereits bei niedrigen Drehzahlen einsetzenden Drehmomentverlauf bemerkbar machte.

Der damals weltweit hubraumstärkste Vierzylinder besaß ein Drehmoment von 305 Newtonmetern, das bei 4100 Umdrehungen einsetzte. Die Abgasanlage war der gesteigerten Leistung angepasst und besaß, um die verschärften Abgasvorschriften einzuhalten, einen geregelten Katalysator.

Die Leistung wurde durch ein Sechsganggetriebe an die Hinterachse übertragen. Daneben gab es vor allem für den US-Markt eine Viergang-Automatik, bei der man aus zwei Betriebsarten wählen konnte. Neben dem völlig automatischen Schalten konnte der Pilot in einer zusätzlichen Schaltgasse manuell die verschiedenen Übersetzungsstufen wählen. Allerdings hatte die Schaltelektronik das letzte Wort und verhinderte so ein unbeabsichtigtes Hoch- oder Herunterschalten.

1992
Golf III

Den Golf III gab es auch als Cabriolet mit dem wenig attraktiven Überrollbügel. Auch das hier gezeigte Cabrio ist technisch ein Golf III, auch wenn bereits Elemente des Nachfolgers verarbeitet wurden.

Die dritte Auflage des Volkswagen-Bestsellers schaffte es endlich, den Titel „Auto des Jahres" zu gewinnen.

Das Design des Golf III war die konsequente Weiterentwicklung der ursprünglich von Giugiaro entwickelten Form.

Irgendwann muss es den Juroren, die das europäische Auto des Jahres wählten, gedämmert haben, dass es da ein Modell aus Wolfsburg gab, das eine neue automobile Klasse begründet hatte, die seinen Namen trug und außerordentlich erfolgreich war.

Immerhin die dritte Auflage des VW Golf wurde 1992 endlich mit dem prestigeträchtigen Titel ausgezeichnet. Der Golf III löste den knapp neun Jahre gebauten Golf II ab, nutzte aber als Basis die Elemente, die sich bewährt hatten. Auch in den Abmessungen gab es kaum Unterschiede und das Design von Gert Volker Hildebrand begründete die Wolfsburger Tradition, den Golf in seiner Grundform zu erhalten. Die Fortschritte betrafen vor allem die Sicherheitsausstattung mit erstmals lieferbaren Airbags und ein verbessertes Crashverhalten. Die Antriebspalette wurde durch einen neuen TDI-Diesel und einen VR6-Benziner ergänzt, mit dem der Golf in den Kreis der Sechszylindermodelle aufstieg. Ebenfalls neu war eine Elektrovariante, die als Golf City Stromer für Energieversorger produziert wurde. Neben den bekannten Karosserievarianten rollten im Laufe der Zeit eine Kombivariante mit dem traditionellen Namen Variant und später auch ein Cabriolet in das Angebot. Eine Sportversion mit geplanten 275 PS (202 kW), mit der Volkswagen im Januar 1994 bei der Rallye-Monte-Carlo starten wollte, wurde aus Kostengründen verworfen.

Der Golf III kam wie seine Vorgänger auch als Kombiversion auf den Markt. Für die Vorstellung des „Rolling Stones"-Sondermodells nutzte man eine ausgefallene Szenerie.

Wegen des Überrollbügels wurde das Golf-Cabriolet – wie schon sein Vorgänger – als Erdbeerkörbchen verspottet.

Wie seine Vorgänger wurde das Cabriolet bei Karmann hergestellt – das gilt auch für die ab 1998 gebaute Version mit Golf IV-Optik.

Die Treue zum Ur-Design zahlte sich aus. Auch der Golf III führte die Zulassungsstatistik an.

Die Kombivariante des Bestsellers war vor allem bei Familien beliebt.

Das Cabriolet gehörte zu den beliebtesten Varianten der Golf-Baureihe.

Im Golf III war die Sicherheitsausstattung deutlich verbessert worden. Erstmals waren Airbags lieferbar.

Mit dem Golf GTI zum Flieger und dann abheben, so stellten sich die Wolfsburger Marketingexperten ihre Kundschaft vor.

VW VENTO

- noch ein Wind

In den 1990er-Jahren gab es noch immer eine Kundschaft, die Wert auf ein »richtiges Auto« legte und nicht von der traditionellen Stufenheck-Silhouette lassen wollten. Schrägheck-Modelle wie der Golf oder sein italienisches Gegenstück Ritmo passten nicht wirklich in ihr Bild von einem Automobil. Die Industrie folgte diesem Wunsch und lieferte die passenden Modelle. Bei Fiat war es der Regatta, Volkswagen schob kurz nach der Golf-Premiere den Jetta nach. Der wurde 1992 vom Vento abgelöst, der auf dem Brüsseler Automobilsalon erstmals der Öffentlichkeit gezeigt wurde.
Für die Deutschland-Premiere hatten sich die Wolfsburger das Wiesbadener Stadttheater ausgesucht, begleitet von italienischer Opernmusik rollte der Vento auf die Bühne. Beim Namen hatten es sich die VW-Verantwortlichen leicht gemacht. Statt nach einem neuen meteorologischen Ereignis zu suchen, wählten sie einfach die italienische Bezeichnung für Wind. In den USA allerdings, wo der Jetta sich auf dem Markt etabliert hatte, lief die Stufenhecklimousine weiter als Jetta auf den Straßen.
Der Vento übernahm die Technik des Golf III, wuchs aber um 36 Zentimeter und unterschied sich vom Wolfsburger Bestseller vor allem durch eckigere Frontscheinwerfer, einen neu gestalteten Grill und eine überarbeitete Informationszentrale vor dem Lenkrad. Außerdem spendierten die VW-Verantwortlichen dem Vento eine im Vergleich zum Golf verbesserte Ausstattung. Dazu gehörten unter anderem 14-Zoll-Räder, Blinkleuchten hinter einer wei-

Für den immer noch großen Kundenkreis, der eine Stufenhecklimousine verlangte, kam der Vento auf den Markt.

Die übersichtliche Informationszentrale wurde im Vergleich zum Golf III gründlich überarbeitet.

Die Kunden konnten beim Vento aus sechs Ausstattungsversionen wählen.

Bei der Namensfindung machten es sich die Wolfsburger einfach und wählten einfach die italienische Bezeichnung für Wind.

ßen Glasverkleidung sowie eine aufgewertete Türinnenverkleidung. Im Gegensatz zum Jetta kam der Vento ausschließlich als Viertürer zu den Kunden. Der Jetta-Zweitürer war bei der anvisierten Kundschaft nur noch wenig gefragt, denn schließlich gehörten zu einem »richtigen Auto« vier Türen. Dem Wolfsburger Rotstift fiel auch die »Syncro« genannte Allradvariante zum Opfer. Offensichtlich hatte die zumeist ältere Kundschaft kein Interesse an Spaß und Abenteuer abseits befestigter Straßen. Da zählten eher andere Werte wie das 550 Liter fassende Ladeabteil im Heck und das Platzangebot.

Die Kunden konnten aus sechs Ausstattungsversionen wählen, die von der Basisvariante CL/CLX über eine sportliche Variante GT und den Diesel-Vento GTD bis zur Topvariante mit dem VR6-Sechszylinderantrieb reichten. Zum Marktstart erstreckte sich das Motorenangebot vom 1,8-Liter-Vierzylinder mit 75 PS (55 kW) bis zum 174 PS (128 kW) starken Sechszylinder. Die Dieselfraktion war mit dem 1,9 TD (75 PS/55 kW) vertreten.

Der Nachfolger übrigens trug dann wieder den Namen eines Windes. Für den Bora wurde ein eher unangenehmes Wetter-Phänomen der Adria gewählt.

ALFA 155

- die neue Nummer

Designer Ercole Spada wählte für die neue Alfa-Limousine eine Kombination aus vielen Kanten.

Anfang 1992 zeigte die Anonima Lombarda Fabbrica Automobili, oder kurz Alfa Romeo, den Nachfolger der erfolgreichen Mittelklasse-Limousine 75 – und die sorgte bei den Alfisti für einen gewaltigen Schock. Hatte der 75 noch einen Heckantrieb, so trieb beim neuen 155 der vorne quer eingebaute Motor die Vorderräder an. Für Alfisti, die sich mit diesem neuen Konzept nicht abfinden konnten, stand allerdings der 155 Q4 mit Allradantrieb als Alternative im Modellprogramm.
Alfa Romeo wurde 1986 von Fiat übernommen – damals hatte auch Ford seine Fühler nach Italien ausgestreckt – und das machte sich nun auch in der Entwicklung der neuen Modelle der Sportwagenmarke bemerkbar. Als technische Basis diente die Plattform des Fiat Tipo, die unter anderem auch beim Lancia Delta II und dem umstrittenen Fiat Multipla als Basis diente. Das Design der konventionellen Stufenhecklimousine stammte von dem Turiner Designstudio I.DE.A. Der verantwortliche Designer Ercole Spada hatte sich für die neue Limousine eine betont kantige Form einfallen lassen.
Beim Marktstart stammten dann aber wenigstens die Motoren aus dem Alfa-Regal. Sie waren von den klassischen Vierzylindern abgeleitet, die der Konstrukteur Giuseppe Busso entwickelt hatte. Die Twin-Spark-Antriebe mit zwei oben liegenden Nockenwellen hatten zwei Ventile je Zylinder und waren mit einer Doppelzündung ausgerüstet, die der Konstruktion ihren Namen (Twin Spark oder Zwillingsfunken) gaben. Die Motoren waren eng mit den Rennmotoren der Marke aus den 1970er-Jahren verwandt. Beim Allrad 155 Q4 hingegen wurde kurz und bündig die Antriebstechnik vom Lancia Delta HF Integrale übernommen. Keine schlechte Wahl, trotzdem trauerten die Alfisti vermeintlich guten alten Zeiten nach, als Alfa unabhängig war. Sie

Als Basis wählten die Entwickler den Fiat Tipo, was die Alfisti nicht begeisterte.

Vor dem Lenkrad blickte der Pilot auf eine klassische Instrumentensammlung.

Trotz der engen Verwandtschaft zu Fiat war der Alfa Romeo 155 erfolgreich.

Die Sitze für Fahrer und Beifahrer erreichten sehr gute Werte für den Seitenhalt.

Die Frontpartie mit dem Scudetto im Zentrum wies den 155 auf den ersten Blick als Alfa aus.

vergaßen dabei allerdings, dass die Marke seit ihrer Gründung im Jahr 1910 stets mit wirtschaftlichen Widrigkeiten zu kämpfen hatte. Die Alfa-Motoren wurden später durch Fiat-Motoren abgelöst, bei denen alles anders war als bei den ursprünglichen Antrieben. Der Motorblock war aus Grauguss statt Aluminium, zahnriemengetriebene Nockenwellen, statt Kettenantrieb, vier statt zwei Ventile je Zylinder und eine Doppelzündung, bei der aber die beiden Zündkerzen nicht gleich groß waren und auch nicht gleichzeitig zündeten, um bessere Abgaswerte zu erreichen.
Zur Markteinführung kam der 155 mit zwei Vierzylinder-Twin-Spark-Antrieben zu den Kunden. Der 1,8-Liter leistete 129 PS (95 kW), der Zweiliter kam auf 144 PS (106 kW). Topmodell war die Sechszylinderversion (2,5 Liter, 165 PS/121 kW). Der Zweiliter-Turboantrieb im 155 Q4 leistete 190 PS (140 kW).
Bereits in seinem ersten Modelljahr sicherte sich der 155 die ersten Sporterfolge. Alessandro Nannini und Nicola Larini holten sich mit dem Zweiliter-Turbo die italienische Tourenwagen-Meisterschaft. Diesem ersten Triumph folgten in den 1990er-Jahren zahlreiche Erfolge bei Tourenwagenrennen. Bereits bei seiner Premiere bei der Deutschen Tourenwagenmeisterschaft (DTM) holte Larini den Titel, dem noch viele weitere folgen sollten.

JAGUAR XJ 220

- vom Stammtisch auf die Straße

Der XJ 220 sollte es mit Ferrari F40 und dem Porsche 959 aufnehmen.

Um auf die Kundenliste für den XJ 220 kommen zu können, mussten die potenziellen Kunden vorab 50.000 Pfund überweisen.

Bis Produktionsende entstanden insgesamt 271 Exemplare. Geplant waren ursprünglich 350.

Mit dem XJ 220 rollte Jaguar in das Segment der Supersportwagen, mit dem eine wohlhabende Kundschaft erreicht werden sollte.

Gegen Ende der 1980er-Jahre trafen sich die Entwickler um Jaguars Chefingenieur Jim Randle regelmäßig zu einem lockeren Feierabend-Stammtisch, um über künftige Entwicklung zu sprechen. Im sogenannten Saturday Club wurden natürlich bei Bier Benzingespräche geführt, und dabei entstand die Idee, einen Jaguar zu entwickeln, der es mit dem Ferrari F40 und dem Porsche 959 aufnehmen konnte.

Eine Basiskonstruktion war bereits vorhanden, und so wählte die Mannschaft den von Tom Walkinshaw Racing für die Sportwagen-Weltmeisterschaft aufgebauten XJR-9, der 1988 das 24-Stundenrennen in Le Mans gewonnen hatte. Keine schlechte Idee. Das Team verfolgte nun das Ziel, das schnellste Serienfahrzeug zu schaffen, das sollte bei 220 Meilen oder 354 km/h erreicht sein, daher die Typenbezeichnung XJ220.

Der Supersportler war für eine wohlhabende Klientel gedacht, die das Wochenende auf Rennstrecken verbringen wollte. Als Antrieb kam ein V12 mit Allradantrieb ins Spiel und so aus dem Stammtisch-Konzept ein konkretes Projekt, das allerdings in höchster Geheimhaltung verwirklicht wurde.

Die Jaguar-Chefetage – damals gehörte die britische Marke zu Ford – stellte schließlich die Ampel auf Grün und im Herbst 1988 stand der Prototyp auf der Birmingham Motorshow. Dieser war noch als Showcar deklariert, mit dem die Entwickler dem Rest der Welt zeigen wollte, was sie konnten. Doch als die ersten Blankoschecks in der Firmenzentrale eintrafen, war die Firmenleitung überzeugt und die Entwicklung des Serienmodells konnte beginnen. 1989 schließlich wurde der Preis auf stattliche 290.000 Pfund festgelegt, die ersten Kunden überweisen eine »Reservierungsgebühr« von 50.000 Pfund. Doch dann schlug die Wirklichkeit zu, bei Jaguar erkannte man, dass Kapazitäten fehlten, und so ging der Entwicklungsauftrag an die Ingenieure von Tom Walkinshaw Racing, die das Projekt auf das Machbare reduzierten. Als Erstes wurde der Allradantrieb gestrichen, auch der V12 verschwand wieder. Stattdessen kam ein V6 (3,5 Liter, 549 PS/404 kW) zum Einsatz, der die Hinterräder antrieb. Das gefiel einigen Kunden überhaupt nicht. Sie zogen die Reservierung zurück. Wahrscheinlich auch, weil der Preis inzwischen auf 470.000 Pfund gestiegen war. Ursprünglich sollte die Produktion auf 350 Exemplare begrenzt werden. Am Ende entstanden 271 XJ220.

Wenigstens die versprochene Höchstgeschwindigkeit wurde erreicht.

1993 konnten sich die Jaguar-Verantwortlichen über einen Klassensieg des XJ220 beim 24-Stundenrennen in Le Mans freuen. Allerdings nur eine kurze Zeit. Dann fand die Rennleitung heraus, dass keine Katalysatoren montiert waren und disqualifizierten das Team.

RENAULT TWINGO

- ein kleiner Freund aus Paris

Patrick Le Quément war der verantwortliche Designer des Twingo und orientierte sich dabei an Studien aus den 1980er-Jahren.

Im Oktober 1992 überstrahlte der neue kleine Renault alle anderen Neuheiten. Auf dem Citroën-Stand allerdings blickte man beleidigt auf die Konkurrenz. Zwei Jahre zuvor stand dort das Konzept eines Stadtwagens, das dem Renault Twingo stark ähnelte – doch die Citroën-Verantwortlichen verzichteten damals auf eine Realisierung.
Die erste Generation des Twingo, zu Beginn mit einem 54 PS (40 kW) starken 1,3-Liter-Vierzylinder angeboten, eroberte nach seinem Marktstart wenige Monate später die Herzen der vor allem weiblichen Kundschaft. Der »Kleine« mit den freundlich dreinblickenden Kulleraugen und dem weit öffnenden Faltdach (von 1993 an für 800 Mark) war einfach zu lieb und hatte gleichzeitig handfeste praktische Vorteile.
Der Entwurf stammte vom neuen Renault-Designvorstand Patrick Le Quément, der sich bei der Formfindung an Studien aus den 1980er-Jahren orientierte. Im Innenraum zeigten fröhlich gemusterte Sitzbezüge, poppige Farben für die Bedienelemente und eine zentrale Digitalanzeige im Zentrum der Informationszentrale, dass preiswerte Kleinwagen alles andere als langweilig sein mussten. Dank der um 17 Zentimeter verschiebbaren Rückbank entstanden, wenn kein Gepäck geladen werden musste, großzügige Platzverhältnisse, und bei umgeklappten Rückenlehnen ließ sich der kleine Renault in einen Kombi verwandeln.
Für den Namen war der deutsche Werbetexter Manfred Gotta verantwortlich, dessen Agentur damals eine Quelle für zahlreiche Typenbezeichnungen war. Der UR-Twingo blieb ein Einzelkämpfer – kein Mitbewerber wagte sich an ein ähnliches Konzept. Bis zum Produktionsende 2006 fand der pfiffige Kleinwagen 2,42 Millionen Käufer und vor allem Käuferinnen.

Der kleine Renault verdankt seinen Namen dem deutschen Werbetexter Manfred Gotta.

Passt auf eine Schaufel: Die Kompakten Abmessungen waren ein großer Vorteil des kleinen Franzosen.

Bis zum Ende der Produktion fand der Ur-Twingo insgesamt 2,42 Millionen Kunden.

Mit seinen Kulleraugen, buntem Interieur und cleverer Raumaufteilung wurde der Renault Twingo ab 1993 zum Kultauto – vor allem bei Frauen. Heute erlebt die erste Generation eine verdiente Renaissance als charmanter Youngtimer.

einst als fröhlicher Stadtflitzer
e machte, wird heute von Lieb-
rn als Youngtimer neu entdeckt:
rste Renault Twingo begeistert
r – mit Kultdesign, Alltagstaug-
t und echtem 90er-Flair.

Der Twingo war als lifestyliger Kleinwagen ...

... für eine junge und vor allem auch weibliche Kundschaft konzipiert.

Der Twingo I, gestaltet von Patrick Le Quément, war nicht nur süß, sondern auch smart: verschiebbare Rückbank, digitales Cockpit und viel Platz. Heute zählt er zu den begehrten Youngtimern mit Charakter und Geschichte.

MAZDA RX7

- der Kreisläufer

1991 hatte Mazda als erste japanische Marke das legendäre 24-Stunden-Rennen von Le Mans gewonnen. Der von einem Wankelmotor angetriebene Mazda 787B nervte damals mit seinem aufdringlichen Sound Zuschauer und Konkurrenten, sein Pilot Volker Weidler erlitt nach dem Verlust seiner Ohrstöpsel einen hartnäckigen Tinnitus und musste danach seine Karriere beenden. Der 1992 in Europa vorgestellte neue RX-7 (FD) übernahm Elemente aus dem Siegerwagen und fuhr gleichzeitig in eine neue Dimension. Waren die Vorgängermodelle noch durchaus bezahlbare Sportcoupés, die sich weltweit knapp 750.000 Mal verkauft hatten, so mutierte die Neuauflage zu einem kostspieligen und leichtgewichtigen Supersportwagen. Während andere Lizenznehmer den Wankelmotor ad acta gelegt hatten, blieb Mazda diesem Antrieb unverdrossen treu.
Bei der Entwicklung beschritten die Entwickler in Hiroshima neue Wege und konstruierten zuerst den Zweischeiben-Kreiskolben-Motor (zweimal 654 ccm), erst danach begann die Entwicklung des Coupés. Das Triebwerk leistete zunächst 240 PS (176 kW), später standen 280 PS (206 kW) bereit.

Mazda hielt dem Wankelmotor die Treue. Im RX7 leistete der „Kreisläufer" bis zu 280 PS.

Der neue RX7 nutzte Elemente aus dem Siegerwagen der 24 Stunden von Le Mans.

Verantwortlicher Entwickler war Takahuru Kobayakawa, der bereits den Le Mans-Siegerwagen an den Start gebracht hatte. Der Antrieb wurde in einem Frontmittelmotor-Layout platziert, das sich eine ausgeglichene Gewichtsverteilung von 50:50 übersetzte. Dank des tiefen Schwerpunkts erreichte der RX-7 hervorragende Fahrwerte auf kurvigem Geläuf.

Mit dem neuen RX 7 fuhr Mazda in eine neue Preisregion.

Die Gestaltung der mit einer Länge von 4,30 Metern kompakten Karosserie übernahm Chefdesigner Yoichi Sato. In der Breite kam der RX-7 auf gerade 1,76 Meter und die Höhe von 1,23 Metern erleichterte nicht unbedingt den Einstieg. Wie beim Stuttgarter Mitbewerber Porsche üblich befand sich der Drehzahlmesser in der zentralen Position vor dem Piloten, der wie der Mensch neben ihm in einem passgenauen Schalensitz saß.

Bei der Entwicklung des Wankel-Sportwagens stand Leichtbau im Vordergrund.

Die Entwicklung stand unter der Maxime »Mission Zero«, wobei jedes überflüssige Kilo eingespart wurde. »Das einzige Bremspedal, das einen Sportwagen schneller fahren lässt«, erklärte die Mazda-Werbung den Vorteil des damals leichtesten Bremspedals. Das Ergebnis der »Mission Zero« war ein Leergewicht von 1240 bis 1310 Kilogramm. In gerade 5,3 Sekunden war aus dem Stand Tempo 100 km/h erreicht, bei 250 km/h bremste die Elektronik den Vorwärtsdrang des damals mindestens 85.500 Mark teuren stärksten RX-7 aller Zeiten.

Unter der langen Motorhaube platzierten die Entwickler einen Zweischeiben-Kreiskolben-Antrieb.

Die Tester bescheinigten dem japanischen Wankel-Sportler hervorragende Fahrwerte.

FORD ESCORT

- Clarksons Darling

Jeremy Clarkson, Protagonist in der britischen TV-Serie »Top Gear«, war und ist für seine mitunter drastischen Urteile bekannt. Doch ausgerechnet ein Ford gehört zu den Lieblingsautos des TV-Moderators. Allerdings handelt es sich dabei um ein besonderes Modell.
Der Ford Escort RS Cosworth, den Clarkson eine Zeitlang täglich bewegte, war der sportliche Ableger des ansonsten wenig aufregenden Escort und sollte für den US-amerikanischen Konzern im Motorsport Siege einfahren.
Ford hatte den »Cossie-Escort« Clarkson für ein Jahr überlassen. Nach einer Fahrt im Jahr 2000 über den Buttertubs Pass in North Yorkshire zog der in der Industrie gefürchtete Moderator ein für seine Verhältnisse euphorisches Fazit: »Eine meiner Lieblingsstraßen trifft auf eines meiner absoluten Lieblingsautos, den Cossie.«

Für die Teilnahme an der Rallye-Weltmeisterschaft (Gruppe A) hatte Ford zunächst Homologationsmodelle entwickelt, später war der Escort RS Cosworth auch in einer limitierten Auflage als Straßenfahrzeug verfügbar.

Als Antrieb wählten die Ford-Entwickler einen 1993 ccm großen Vierzylinder (Cosworth YBT), der 227 PS (167 kW) leistete.
Als Basis diente der ebenfalls potente Sierra Cosworth. Die Karosserie wurde vom Escort Mk V übernommen und das Fahrzeug in Reine von Karmann produziert.
Der Motor erhielt einen neuen Turbolader und der »Cossie« bekam einen permanenten Allradantrieb. Als Höchstgeschwindigkeit versprach Ford 240 km/h, so war er ein ernsthafter Konkurrent für die in diesem Segment etab-

Die britische Polizei setzte den Escort RS Cosworth als Einsatzfahrzeug ein, im Hintergrund ein Hubschrauber des Typs MBB Bo 105.

Michael Schumacher wurde von Ford als Werbefigur für den Super-Escort eingesetzt.

lierten Modelle. In 5,7 Sekunden beschleunigte der Cossie-Escort von Null auf 100 km/h.

Die Karriere in der Rallye-Weltmeisterschaft verlief trotz einiger Erfolge nicht wie gewünscht, doch in der Saison 1992 hatte der Super-Escort einen kurzen Auftritt in der Formel 1. Bei zwei Grand Prix wurde der Ford im Rahmen eines neuen Sicherheitskonzepts als Safety Car eingesetzt. Ein Jahr später wurde dieses Konzept dann in der Formel-1-Weltmeisterschaft umgesetzt.

Der riesige Spoiler war das unverwechselbare Erkennungszeichen des Escort RS Cosworth.

Mit einer Höchstgeschwindigkeit von 240 km/h war der Cosworth-Escort der schnellste seiner Art.

1993 Nissan Micra

Japanische Automobile hatten sich in den 1990er-Jahren auf dem Markt etabliert, doch bis 1993 ließen die Fachjournalisten, die das europäische Auto des Jahres kürten, die Modelle aus Fernost links liegen. Doch dann kam der Nissan Micra und räumte 1993 die begehrte Auszeichnung ab.
Der im britischen Nissan-Werk für den europäischen Markt produzierte Kleinwagen besaß serienmäßig ein Fünfganggetriebe und gegen Aufpreis gab es ein stufenloses CVT-Getriebe als Kraftübertragung. Als Antrieb standen Benzin-Motoren mit 1,0 bis 1,4 Liter (40 bis 60 kW) sowie ein Diesel mit 42 kW bei den Händlern. In Japan gab es später auch eine Cabrio-Version, die offiziell nie nach Europa kam, von einigen britischen Unternehmen aber ins Vereinigte Königreich importiert wurde. Auch die Kombiversion mit dem programmatischen Namen March Box blieb ausschließlich dem japanischen Heimatmarkt vorbehalten. In Taiwan kam außerdem eine viertürige Stufenheckversion auf den Markt.
Der ADAC bescheinigte dem kleinen Japaner eine gute Zuverlässigkeit und günstige Unterhaltskosten. Diese Eigenschaften machten ihn auch zu einem vor allem im Vereinigten Königreich beliebten Rallye-Fahrzeug, das auch im Rallye-Cross eingesetzt wurde.

Der Nissan Micra war das erste europäische Auto des Jahres aus Japan. In Tokyo knallten die Champagner-Korken.

Auto des JAHRES 1993

Der kleine japanier war mit zwei und vier Türen lierferbar.

Der Micra zeichnete sich, so der ADAC, durch seine Zuverlässigkeit aus.

Der Micra wurde im britischen Nissan-Werk in Sunderland für Europa hergestellt.

CITROËN XANTIA

- ein neuer Name

Der Xantia sollte, so die Citroën-Strategen, zum Überflieger in seinem Segment aufsteigen.

Mit dem Xantia endete Citroëns alphabetische Typenbezeichnung. Die neue Limousine, später kam noch ein Kombi hinzu, markierte auch den Aufbruch in eine neue Produktqualität, die der damalige Pressechef bei der statischen Vorstellung des Modells jedem Journalisten demonstrierte.
Die Türen schlossen jetzt mit einem satten »Plop« und nicht mehr mit dem bis dahin üblichen »Peng«. Auch die Spaltmaße, beim Vorgänger BX einigermaßen unregelmäßig, entsprachen den Ansprüchen der Kundschaft. Allerdings bewegte sich der Xantia auch in einem neuen Preissegment und nach der individuellen Konfiguration erreichte der Mittelklasse-Citroën durchaus das Niveau der C-Klasse von Mercedes – dieser Aufstieg war auch das Ziel der Verantwortlichen in Paris.
Bei der Markteinführung stand der Xantia mit Vierzylinder-Benzinern mit 1,8-Liter (101 PS/74 kW) und einem Zweiliter-Motor (121 PS/ 89kW) bei den Händlern. Ein Diesel mit 69 PS (51 kW) wurde zügig nachgereicht. Wie beim Vorgängermodell stammte das Design von Hausdesigner Bertone, der die kantigen Formen des BX gegen geschwungene Linien austauschte. Zum Start fehlten allerdings noch Airbags und Gurtstraffer.
Als technische Neuerung besaß der Xantia eine mitlenkende Hinterachse und je nach Ausführung eine konventionelle Hydropneumatik-Federung, die bereits 1955 mit der DS eingeführt worden war. In den gehobenen Versionen spendierten die Entwickler der Limousine die Hydractive II-Federung aus dem XM. Auch ein Activa genannter Wankausgleich war lieferbar. Dank dieser Technik erreichte der Xantia Activa beim Ausweichtest der schwedischen Fachzeitschrift Techniken Värld das beste Ergebnis. Dieser Test sollte später einem Mercedes-Modell zum Verhängnis werden. Bis zum Jahr 2019 blieb der Xantia auf dem ersten Platz.

Mit dem Xantia kam eine neue Verarbeitungsqualität in die Citroën-Baureihe.

Das Design der neuen Limousine stammte von Bertone, dem Hausdesigner der Franzosen.

Als technische Neuheit besaß der Xantia eine mitlenkende Hinterachse.

Wie die große XM-Limousine besaß der Xantia die neue Hydractive II-Federung.

BMW DREIER

- eine neue Offenbarung

Als Basis für das neue Cabrio der Dreier-Baureihe wählten die BMW-Entwickler das ein Jahr zuvor auf den Markt gerollte Coupé. Die beiden Ableitungen hatten eine um acht Zentimeter verlängerte und flachere Motorhaube und wirkten dank dieses Design-Tricks gegenüber der Limousine als eigenständige und vor allem sportlichere Modelle. Das Cabriolet kam zunächst als 325i, wenig später folgte der offene 320i. Für kostenbewusste Zeitgenossen kam noch der 318i mit Vierzylinderantrieb zu den Händlern.
Neben dem grenzenlos offenen Werkscabrio wurde eine Zeitlang auch noch die bei der Stuttgarter Karosserieschmiede Baur gebaute Cabrio-Limousine angeboten, bei der die seitlichen Karosserieelemente erhalten blieben – eine Karosserieform, die sich in Deutschland nie wirklich durchsetzen konnte. Von diesem Modell kamen insgesamt überschaubare 310 Exemplare auf die Straßen.
In den Testberichten wurde das BMW 320i Cabrio als »eine Klasse für sich« gelobt. Auch bei zügigen Kurvenfahrten, lobten die Tester, ließ sich der BMW problemlos bewegen. Dabei wurde vor allem die stabile Karosserie gelobt und auch das Fehlen von Antriebseinflüssen in der Lenkung wurde hervorgehoben. Zusammen mit dem Zweiliter-Sechszylinder erfüllte das Cabrio das BMW-Versprechen »Freude am Fahren«. Der Begriff Freude in Verbindung mit BMW-Modellen tauchte in den 1930er-Jahren zum ersten Mal in der Werbung der Münchner auf, wurde 1972 wiederbelebt und wird seitdem weltweit in der BMW-Werbung verwendet.

Das Cabrio der Dreier-Reihe nutzte als Basis das ein Jahr zuvor vorgestellte Coupé.

In Testberichten wurde das Dreier-Cabrio als „eine Klasse für sich" gelobt.

Die Tester priesen vor allem die stabile Karosserie des Cabrios.

Das Dreier-Cabrio verkörperte den Werbeslogan „Freude am Fahren".

Auch geschlossen machte das Cabrio eine gute Figur.

MERCEDES C-KLASSE - die neue Klasse

Für die Vorstellung des Nachfolgers des erfolgreichen 190ers, auch Baby-Benz genannt, hatten sich die Mercedes-Verantwortlichen eine besondere Unterkunft ausgedacht. Statt, wie gewohnt, in ein Fünfsterne-Hotel an irgendeiner angenehmen Mittelmeerküste, wurden die Fachjournalisten in das Ausbildungszentrum »Haus Lämmerbuckel« auf der Schwäbischen Alb geladen. In dieser urigen Atmosphäre stand die neue Baureihe W202 im Mittelpunkt.

Das Design des zunächst ausschließlich als Stufenheck-Limousine angebotenen Modells stammte vom Team rund um Chefdesigner Bruno Sacco, der wie schon beim Vorgänger stilistische Anleihen bei der S-Klasse nahm. Im Vergleich zum Vorgänger war der Innenraum trotz der kaum gewachsenen Abmessungen deutlich größer, wovon vor allem die Mitreisenden im Fond profitierten. Auch die Komforteigenschaften waren deutlich verbessert worden. Zur Wahl standen beim Marktstart die vier Ausstattungsversionen Classic für Sparfüchse, Esprit für eine jugendliche Kundschaft, Elegance für eher konservative Kunden und schließlich Sport für den Dynamiker.

Eine entscheidende Rolle für den Erfolg der neuen Baureihe spielte auch das vollständige Sicherheitspaket. Neben dem Fahrer-Airbag war die optimierte Crash-Struktur der Karosserie, ein in den Türen integrierter Seitenaufprallschutz, Gurtstraffer vorne plus automatischen Sicherheitsgurt-Höhenverstellung im Fond auch ABS serienmäßig. Gleichzeitig wurde der Innen-

Berta Benz würde wahrscheinlich lieber in die neue C-Klasse umsteigen.

Die neue C-Klasse löste den „Baby-Benz" ab und erreichte ein deutlich besseres Raumverhältnis.

Der Innenraum entsprach dem zeittypischen Interieur-Design der Marke.

Die neue C-Klasse nutzte viele Recyclingteile.

Das Design der C-Klasse stammte vom Team um Bruno Sacco und übernahm Elemente aus der S-Klasse.

Im Heck der Limousine wurde die aufwendige Raumlenkerachse aus dem Vorgängermodell übernommen.

raum durch bessere Sitze samt optimierten Kopfstützen aufgewertet. Die Heizung war für den Fahrer und Beifahrer über Sensoren getrennt regelbar.

Aus dem Vorgänger wurde die aufwendige Raumlenker-Hinterachse (auch Traumlenkerachse genannt) übernommen. Die Vorderachse wurde neu entwickelt, um einen verbesserten Abrollkomfort zu erreichen. Im Gegensatz zum 190er verzichteten die Entwickler auf eine konventionelle Handbremse und spendierten der C-Klasse die für die Marke typische Fußfeststellbremse. Bei den Antrieben kamen vom Marktstart an Motoren mit Vierventiltechnik zum Einsatz. In der Abteilung Diesel wurden erstmals die neu entwickelten Vier- und Fünfzylinderaggregate montiert. Die Topmodelle wurden von Sechszylinder-Motoren angetrieben. Die Kraftübertragung übernahm serienmäßig ein Fünfganggetriebe. Eine Viergang-Automatik stand in der wie gewohnt sehr ausführlichen Aufpreisliste.

Die C-Klasse war im Vergleich zum Vorgänger in der Länge kaum gewachsen.

Juli 1993

Mit dem Slogan »Fünf ist Trumpf« startete die Deutsche Post eine aufwendige Kampagne, um den Bundesbürgern ein neues Postleitsystem zu erklären. Das Post-Maskottchen Rolf warb mit einer gelben Hand mit fünf Fingern für die Umstellung. Aus den vierstelligen Zahlen wurden nun fünfstellige Postleitzahlen, die sich an der konkreten Adresse orientierten. Als Vorbild diente den Verantwortlichen in der Bonner Postzentrale das US-amerikanische System. Im wiedervereinten Deutschland wurden die neuen Zahlen schließlich am 1. Juli 1993 eingeführt.

OPEL CORSA B

- eine runde Sache

Der 1982 eingeführte Opel Corsa war auf Anhieb erfolgreich und stürmte die Zulassungsstatistik, daher stand das Team um Hideo Kodama vor einer kniffligen Aufgabe, als man mit dem Design der zweiten Auflage des Bestsellers begann.
Für den Nachfolger wählten die Kreativen am Ende eine vollständig neue Formensprache. Aus dem kantigen Corsa der ersten Generation wurde ein rundlich gezeichnetes Modell, das, so die Marketingexperten in Rüsselsheim, vor allem die weibliche Kundschaft ansprechen sollte. Gleichzeitig verbesserte sich die Aerodynamik. Als Anregung diente die Konzeptstudie Junior. Der Corsa B kehrte übrigens aus Spanien nach Deutschland zurück und wurde im Eisenacher Opel-Werk produziert. Allerdings kamen die Karosserieteile noch immer aus dem Werk in Saragossa.
Das Designteam kreierte zwei unterschiedliche Modelle. Denn der Drei- und Fünftürer unterschieden sich vor allem bei der Heckgestaltung. Bei den Händlern stand der Corsa B in fünf Ausstattungsversionen, wobei der GSi als Topmodell auftrat. Für Märkte mit entsprechenden Vorlieben kamen ein Kombi, ein Pickup und eine Stufenheckversion ins Programm.
Der Corsa B war gegenüber dem Vorgänger um zehn Zentimeter auf 3,73 Meter gewachsen, und auch der Radstand hatte zugelegt. Das Ergebnis war das klassenbeste Platzangebot. In der Abteilung Sicherheit besaß der kleine Opel unter anderem zusätzliche Verstärkungen in den Türen sowie mechanische Gurtstraffer vorne. Kurz nach dem Marktstart war auch ein Fahrerairbag lieferbar. Anfangs gab es den Corsa B nur mit den 1,2- und 1,4-Liter großen Benzinmotoren mit 33 bzw. 44 kW (45 oder 60 PS) aus dem Vorgänger. Später kamen mit dem Corsa GSi 16V dynamische Fahrleistungen in die Kleinwagenklasse. Der Minisportler beschleunigte in 9,5 Sekunden aus dem Stand auf 100 km/h, bei 195 km/h war die Höchstgeschwindigkeit erreicht.

Rund ist Trumpf: Der neue Corsa löste den kantigen Vorgänger ab.

1.

2.

3.

4.

5.

6.

7.

1. Mit dem neuen Design kam eine vollkommen neue Formensprache in die Corsa-Baureihe.

2. Das Design der zweiten Corsa-Generation stammte von dem Team um Hideo Kodama.

3. Der Corsa B war gegenüber dem ersten Modell um zehn Zentimeter auf 3,73 Meter gewachsen.

4. Der neue Corsa besaß den größten Innenraum in seinem Segment.

5. Zurück in die Heimat: Der Corsa B wechselte von Saragossa in das neue Opel-Werk in Eisenach.

6. Das Revier des kleinsten Opel war die Stadt. Ob die Dame den Polizisten überzeugt hat, ist unbekannt.

7. Beim Corsa B verzichteten die Rüsselsheimer Kreativen ganz bewusst auf jeglichen Chromschmuck.

PEUGEOT 306

– der Nachzügler

Der Peugeot 306 kam spät als Golf-Konkurrent auf den Markt und wurde als „Rivale" gegen den Wolfsburger platziert.

Peugeot hatte sich bei der Entwicklung eines Angebots in der Golf-Klasse viel Zeit gelassen. Während die Mitbewerber ihre Modellpalette nach und nach durch entsprechende Fahrzeuge ergänzten, herrschte bei den Franzosen in diesem Segment eine Lücke. Lediglich der als Talbot Horizon entwickelte und nach dem Aus der Marke zum Peugeot 309 beförderte Fremdkörper konnte den einen oder anderen Kunden überzeugen. Die »neun« zeigte, dass es für dieses Modell keinen Nachfolger geben würde.

Das erste echte Kompaktmodell aus der Peugeot-Entwicklungsabteilung kam mit dem 306 auf den Markt und wurde von den Franzosen selbstbewusst als »Der Rivale« in der Werbung dargestellt. Tatsächlich gelang es dem kompakten Peugeot, den VW Golf in einem Vergleichstest zu schlagen. In Paris klirrten damals die Champagner-Gläser.

Als Veranstaltungsort für die internationale Vorstellung des neuen Modells hatten die Verantwortlichen in Paris das jordanische Akaba gewählt. Der Pressechef Corrado Provera hatte eine Leidenschaft für diesen Teil der Welt entwickelt und nachdem damals die Hersteller immer exotischere Orte wählten, um ihre Modelle der Fachpresse zu zeigen, war die Wahl nur logisch.

Beim Marktstart standen Benziner mit 55 bis 121 PS (40 bis 89 kW) sowie Dieselversionen mit 60 bis 90 PS (44 bis 68 kW) zur Wahl.

Später wuchs das Leistungsspektrum auf bis zu 163 PS (120 kW). Zu Beginn war der 306 ausschließlich als Schrägheck mit drei oder vier Türen lieferbar, wobei die Heckklappe nur über einen unter der Haube versteckten Griff geöffnet werden konnte. Später folgte ein von der italienischen Designschmiede Pininfarina entworfenes und auch dort produziertes Cabriolet, bei dem das je nach Finanzkraft manuell oder elektrisch betätigte Verdeck vollständig in einem Kasten vor dem Kofferraum verschwand. Ein Kombi und eine Stufenhecklimousine rundeten das Angebot ab. Vom 306 entstanden rund drei Millionen Exemplare.

Das Design war markentypisch sachlich und zurückhaltend, was immerhin drei Millionen Kunden zu schätzen wussten.

Neben dem Viertürer stand auch ein Zweitürer im Peugeot-Programm.

Ab in die Wüste: Der 306 wurde der internationalen Presse im jordanischen Akaba vorgestellt.

PORSCHE 911/993

- die Abschiedsvorstellung

Mit der Baureihe 993 des legendären Modells 911 ging der klassische luftgekühlte Boxermotor in den Ruhestand, was vor allem von den traditionsbewussten Kunden nicht schmeckte. Auch beim Design regte sich bei den Traditionalisten Widerspruch. Vor allem die Stoßfänger wurden als zu wuchtig empfunden. Dabei hatte sich das Team um den Chefdesigner Harm Lagaay bei der Gestaltung des neuen 911 am Urmodell orientiert und eine harmonische Form gefunden, die neben den Stoßstangen auch die Scheinwerfer stärker als bisher in die Karosserielinie integriert. Auch die Neugestaltung des Hecks war gelungen. Bei der Neuauflage ergab sich allerdings das Problem, dass die beiden Auspuffrohre so nahe an den Hinterreifen platziert waren, dass diese mitunter aufheizten und sich ein größerer Verschleiß ergab. Im Innenraum mussten sich die Porsche-Freunde nicht neu orientieren. Lediglich das Lenkrad war neugestaltet, um den Airbag aufnehmen zu können.

Das Design und die neue Antriebstechnik des neuen 911 wurden von vielen Traditionalisten kritisiert.

Die Entwickler in Stuttgart-Zuffenhausen spendierten der Baureihe 993 Antriebe mit 272 PS (200 kW) über 286 PS (210 kW) bis 408 PS (300 kW) beim Topmodell mit Turboaufladung. Für den Einsatz im Motorsport standen Motoren mit bis zu 450 PS (330 kW) bereit.
Den Porsche 993 gab es in den Varianten Carrera, Targa und Turbo, wobei es den Carrera als Carrera 4 und Carrera 4S auch mit einem Allradantrieb gab.
Für die Neuauflage hatte Porsche das Fahrwerk überarbeitet. Dazu gehörten um 20 Millimeter breitere Reifen hinten und eine optimierte Bremsanlage samt verbessertem Antiblockiersystem. Im Motor arbeitete eine wartungsfreie Ventilsteuerung mit Hydrostößeln. Serienmäßig war das bei Dieben besonders beliebte Modell mit einer Zentralverriegelung sowie Wegfahrsperre mit Alarmanlage ausgestattet. Neben den »zivilen Serienmodellen« kamen auch Ableitungen wie der Carrera RS und GT2 in kleinen Auflagen auf den Markt. Wie bei Porsche üblich konnten die Fahrzeuge sowohl im täglichen Einsatz wie bei sportlichen Veranstaltungen problemlos bewegt werden. Für das Ende der traditionellen Antriebstechnik – luftgekühlter Boxermotor – waren die ständig verschärften Umweltvorschriften verantwortlich. Eine Anpassung des klassischen Motors war schlicht zu teuer, sodass Porsche für den nächsten 911 einen wassergekühlten Sechszylinder-Boxer entwickelte.

Neue Umweltvorschriften zwangen Porsche zur Abkehr vom luftgekühlten Boxermotor.

Die neue Frontpartie samt Scheinwerfern fand nicht bei allen Stammkunden Zustimmung.

Harm Lagaay orientierte sich beim Design am ersten Modell der 911-Baureihe.

WIESMANN MF30

- Sportliches aus Westfalen

Im Jahr 1988 gründeten die Brüder Friedhelm und Martin Wiesmann im westfälischen Dülmen ein Unternehmen, um sportliche Roadster herzustellen. Die beiden stammten aus einer automobilen Familie – die Eltern besaßen ein Autohaus in ihrer Heimatstadt, das später vom älteren Bruder weitergeführt wurde.

Das geplante Modell sollte vom Image deutscher Wertarbeit punkten und nachdem das neue Unternehmen zunächst Hardtops produziert hatte, kam 1993 mit dem Roadster MF 30 das erste Serienmodell mit einer Karosserie aus glasfaserverstärktem Kunststoff auf den Markt. Als Markenzeichen hatten die beiden einen Gecko gewählt, um so ihren Anspruch zu unterstreichen, dass der MF30 »auf der Straße klebt wie ein Gecko an der Wand«.

Bei der Wahl des Antriebs bedienten sich die Wiesmann-Brüder aus dem BMW-Teileregal und wählten einen 3,2-Liter-Reihensechszylinder mit 321 PS, der den gerade 1,1 Tonnen wiegenden Roadster in sechs Sekunden von Null auf 100 km/h beschleunigte und maximal 251 km/h erreichte. Als Kraftübertragung kam ein manuelles Fünfganggetriebe zum Einsatz.

Der MF30 machte auch als Kunstwerk Karriere. Im schweizerischen Flüelen steht ein Modell in Originalgröße aus Beton beim Bahnhof des Ortes. Die Skulptur entstand im Rahmen der Gewerbeausstellung des Kantons Uri und wurde danach von der Gemeinde übernommen.

Mit dem MF30 starteten die Wiesmann-Brüder ihre Karriere als Automobilproduzenten.

Der Roadster nutzte als Antrieb einen BMW-Sechszylinder, der den 1,1 Tonnen wiegenden Zweisitzer in sechs Sekunden auf 100 km/h beschleunigte.

Dezember 1993

Am 1. Dezember ging mit Viva der zweite deutsche Musiksender an den Start und nutzte die Lücke, die durch den Rückzug des Senders Musicbox entstanden war. Aus einem Studio in Köln Ossendorf sendete Viva ein Programm, das sich als Konkurrenz zu MTV Europe verstand. Viva war die Abkürzung des sperrigen Titels »Videoverwertungsanstalt« und auf Anhieb erfolgreich. Der Sender verstand sich als »Jugend- und Musiksender für Pop und Fun« und war ein Sprungbrett für Karrieren. Die später erfolgreichen Moderatoren und Schauspieler wie Klaas Heufer-Umlauf, Collien Ulmen-Fernandez, Oliver Pocher und Heike Makatsch begannen bei Viva ihre erfolgreiche Laufbahn. Der prominenteste Viva-Star ist Stefan Raab, der mit seinen mitunter umstrittenen Formaten zu einem der wichtigsten Produzenten im Privatfernsehen aufstieg.

1994
Ford Mondeo

Der Ford Mondeo sollte, wie der Name andeutete, ein Weltauto werden und wurde auch in den USA angeboten.

GLX
Auto des
JAHRES
1994

Für den Nachfolger des 1982 vorgestellten Sierra wählten die Ford-Verantwortlichen einen durchaus programmatischen Namen.
Der Mondeo (abgeleitet von Lateinisch Mundus, auf Deutsch Welt) sollte nicht weniger als ein Weltauto werden – und tatsächlich wurde das Modell auch in den USA als Mercury Mystique und Ford Contour oder Fusion hergestellt. Das europäische Auto des Jahres 1994 wurde hierzulande als Stufenheck, Kombi und Fließheck angeboten.
Der Mondeo war nach einer Pause von 22 Jahren der erste Ford mit Frontantrieb. Beim Marktstart wurde er mit drei Vierzylinder-16V-Benzinmotoren sowie einem Diesel angeboten. Ein Jahr später kam ein V6-Zylinder mit 125 kW unter die Haube.
Das Angebot an Versionen war von Beginn an sehr umfangreich, schon 1993 zählten die Ford-Verkäufer 40 Varianten der Mittelklasse-Limousine.
Im Lastenheft wurde den Designern mitgegeben, einen »größeren Innenraum bei unverändert kompakten Abmessungen« zu entwerfen. Die Kreativen wählten eine Form in dem damals neuen »Cab Forward Design«, bei dem die Motorhaube gegenüber dem Sierra deutlich verkürzt wurde. Der Radstand wuchs um zehn Zentimeter und weil die Techniker den Verstellbereich der Vordersitze verkürzten, freuten sich die Hinterbänkler über zusätzlichen Platz.
Das Design des Weltautos konnte damals bei der Fachpresse nicht wirklich überzeugen, und deshalb wurde die Form bei der Modellpflege drei Jahre später gründlich überarbeitet. Der Mondeo kam mit einer Mehrlenker-Hinterachse auf den Markt, was sich bei Bedarf in ein agiles Fahrverhalten übersetzte.
Wahrscheinlich ließen sich die Juroren auch von den neu entwickelten Motoren überzeugen – und auch das vom mehrfachen Formel-1-Weltmeister Jackie Stewart abgestimmte Fahrwerk trug mit seinen angenehmen Eigenschaften zur Wahl bei.

Der Mondeo war nach 22 Jahren der erste Ford mit Frontantrieb.

Das Fahrwerk des Ford Mondeo wurde vom mehrfachen Formel-1-Weltmeister Jackie Stewart abgestimmt.

Neben der Limousine stand auch eine geräumige Kombi-Variante im Lieferprogramm.

Die Ford-Händler konnten den Mondeo in insgesamt 40 Varianten anbieten.

Tester bescheinigten dem Mondeo ein agiles Fahrverhalten.

OPEL TIGRA

- der Sport-Corsa

In den 1990er-Jahren gab es noch eine Vielfalt an Karosserieformen, wobei die Coupé-Versionen ein unverzichtbares Element waren. Bei Opel mutierte der vor allem praktische Corsa 1994 zum Tigra, der weltweit angeboten wurde.
Wie der Corsa wurde auch der Tigra im spanischen Opel-Werk in Saragossa produziert und sollte eine jugendlich-sportliche Kundschaft ansprechen, bei der die praktischen Werte eher im Hintergrund standen. Nicht nur das Fahrwerk steuerte der Corsa bei, auch die beiden angebotenen Motoren stammten aus dem Kleinwagen. Die beiden Antriebe hatten einen Hubraum von 1,4 (90 PS/66 kW) oder 1,6 Liter (106 PS/90 kW). Die beiden Antriebsversionen unterschieden sich äußerlich an den Nebelscheinwerfern. Als Werbegesicht wählte das Opel-Marketing die bei den Olympischen Sommerspielen von Barcelona entdeckte Schwimmerin Franziska van Almsick, die mit dem Tigra im New Yorker Verkehr abtauchte.
Beim Tigra 1,6 spendierten die Opel-Verantwortlichen dem Coupé eine ABS-Bremse.
Die 1993 auf der IAA in Frankfurt gezeigte Roadster-Version schaffte es zum Bedauern vieler Opel-Freunde nicht in die Serie. Erst im Jahr 2004 kam der Opel Tigra Twin Top auf den

Der biedere Corsa mutierte zum Tigra-Coupé, das sich allerdings mit dem Kleinwagen die Antriebstechnik teilte.

Nicht jede Idee der Werber muss sich dem Betrachter erschließen.

Die Klappe im Heck ermöglichte den Zugang zu einem überschaubar großen Gepäckabteil.

Für größere Lasten gab es zum Glück für die Wintersportler einen Dachgepäckträger.

Als Zielgruppe machten die Marketingexperten in Rüsselsheim jugendlich aktive Zeitgenossen aus.

Markt, der vom französischen Karosseriespezialisten Heuliez produziert wurde. Bei Irmscher entstand auf Basis des Coupés ein Pick-up, von dem angeblich 25 Exemplare verkauft wurden. Mit 106 PS in der leistungsstärksten Version konnte der Tigra die Wünsche einiger besonders sportlich orientierten Kunden nicht erfüllen. Schließlich gab es andere vergleichbare Fahrzeuge mit mehr Leistung. Deshalb entstand in einem von Motorenentwickler Fritz Indra geleiteten Team eine Variante, die Leistung satt besaß. Als Antrieb hatten die Ingenieure den Dreiliter-V6 aus dem Omega gewählt und einen Platz für den Sechszylinder hinter den beiden Vordersitzen gefunden. Der Tigra V6 leistete 211 PS und beschleunigte das Leichtgewicht auf 245 km/h. Tatsächlich überlegte man in Rüsselsheim das Kraftpaket in die Serie zu übernehmen, doch dann kam der Opel Speedster ins Spiel und der Tigra V6 blieb ein Einzelstück für das Opel-Archiv.

Schiebedach schön und gut, aber eine Roadster-Version wurde nie angeboten.

AUDI A4

- Neuer Typ

Audi startete in den 1990er-Jahre neue Typenbezeichnungen, und so wurde aus dem Audi 80 der A4.

Für den Nachfolger des erfolgreichen Audi 80 wählten die Verantwortlichen eine neue Bezeichnung. Aus dem Audi 80 wurde der A4 – und auch für den Nachfolger des Audi 100 kam mit dem A6 eine neue Nummer in das Programm des aufstrebenden Ingolstädter Volkswagen-Ablegers.
Die Ingenieure hatten für den A4 eine neue Plattform entwickelt, die später auch bei den Konzernmodellen VW Passat und Škoda Superb eingesetzt wurde.

Das Design des neuen A4 war eine Weiterentwicklung des bewährten Audi 80 und übernahm auch die klassische Stufenheck-Form, die damals noch bei den Kunden sehr beliebt war. Im Innenraum spendierten die Kreativen dem neuen A4 aufgewertete Materialien und unterstrichen damit den Anspruch der Marke, in den Premiumbereich aufzusteigen. Auch bei den Spaltmaßen erfüllten die Konstrukteure die Anweisung von Audi-Chef Ferdinand Piëch, der möglichst geringe Maße gefordert hatte, was ihm den Spitznamen »Fugen-Ferdl« eintrug. Bei den Versicherungen waren die engen Maße übrigens nicht sonderlich beliebt, weil auch bei kleineren Kollisionen die Schäden größere Ausmaße einnahmen, was sich in höhere Kosten übersetzte.
Für das Fahrwerk entwickelten die Ingolstädter Ingenieure eine neue Vierlenker-Vorderachse, die danach Standard für Audi-Modelle mit längs eingebauten Motoren wurde. Die Hinterachse wurde neu abgestimmt. Die Versionen mit Allradantrieb behielten die Hinterachse aus dem Audi 80.

In der Abteilung Antrieb kamen drei neue Vierzylinder-Motoren in die Baureihe, zwei V6-Aggregate, die bereits den Audi 100 antrieben, rundeten das Angebot ab. Die beiden 1,8-Liter-Motoren erhielten einen neuen Zylinderkopf mit fünf Ventilen, wobei sich drei Einlassventile und zwei Auslassventile die Arbeit teilten. Bei der Markteinführung mussten sich die Dieselfreunde gedulden, es gab zunächst aus-

schließlich Benzinmotoren mit 1,6 bis 2,8 Liter und Leistungswerten von 101 bis 174 PS für das Topmodell mit einem 2,8-Liter-V6. Die Kraftübertragung an die Vorderräder übernahm ein manuelles Fünfganggetriebe, mit Ausnahme des 1,6-Liter-Vierzylinders gab es für alle Versionen gegen Aufpreis auch eine Allrad-Variante. Als Option stand in der umfangreichen Ausstattungsliste eine Viergangautomatik für die Vierzylinder und eine Fünfgangautomatik für die Sechszylinder.
Später kam eine leistungsstarke Variante als S4 mit 265 PS in das Modellprogramm, der sich bald als Porsche-Jäger auf der Autobahn etablierte, vor allem, wenn der Leistungssportler als auf den flüchtigen Blick »harmloser« Kombi RS4 im Rückspiegel auftauchte und sich nicht abschütteln ließ.

Der A4 kam natürlich auch als Kombi-Variante Avant zu den Kunden.

Für den A4 konstruierten die Audi-Entwickler eine neue Vierlenker-Vorderachse.

Unter der Haube des A4 waren Motoren mit 1,6 Liter bis 2,8-Liter platziert.

Der Avant erinnert an das Kombimodell des Audo 100 C4.

Das Gepäckabteil der A4-Limousine war sehr überschaubar gestaltet.

AUDI A8

– der Aufstieg geht weiter

Ferdinand Piëch nahm mit dem neuen A8 die S-Klasse von Mercedes und die Siebener-Baureihe von BMW ins Visier.

Im Jahr 1988 setzte Audi ein unübersehbares Zeichen, um dem Rest der automobilen Premium-Welt zu zeigen, dass man in Ingolstadt den Aufstieg in höhere Segmente ernsthaft verfolgte.
Der erste Audi V8 war allerdings auch wegen der unübersehbaren engen Verwandtschaft mit dem biederen Audi 100 nur bedingt erfolgreich. Daran konnte auch der in dieser Klasse ungewöhnliche serienmäßige Allradantrieb nicht viel ändern. Noch fehlten ein paar Zentimeter, um die Augenhöhe mit Mercedes-Benz oder BMW zu erreichen.
Doch Ferdinand Piëch ließ sich dadurch nicht abschrecken und verfolgte weiter das ehrgeizige Ziel, seine Marke aufsteigen zu lassen. Im Herbst 1991 präsentierte Audi auf der IAA und der Tokyo Motor Show zwei Konzeptmodelle mit Gitterrohrrahmen und Karosserie, die beide aus Aluminium gefertigt waren. Der Audi quattro Spyder und der Avus quattro gingen zwar nie in Serie, doch die Alumi-

nium-Konstruktion war die Basis des neuen Topmodells aus Ingolstadt. Zwei Jahre später stand der »Audi Space Frame Concept Car« auf dem Stand der Marke bei der IAA in Frankfurt und entsprach weitgehend dem Serienmodell, das ein Jahr später auf den Markt kam. Als Antrieb hatten die Audi-Entwickler einen 3,4-Liter-V8-TDI-Antrieb unter die Motorhaube transplantiert. Beim Marktstart umfasste das Antriebsangebot einen V6-Motor mit 2,8 Liter (174 PS/128 kW) und einem V8-Zylinder mit 4,2 Liter und 300 PS (220 kW). Später wurde die Antriebspalette weiter ausgebaut.
Die Karosserie des späteren Serienmodells A8 besteht fast vollständig aus Aluminium, um so Rostprobleme, unter denen damals Audi-Modelle litten, zu vermeiden. Als Namen für die Konstruktion entstand die Bezeichnung Audi Space Frame. Im Vergleich zu den Mitbewerbern aus Stuttgart und München war der Audi A8 trotz seiner umfangreichen Technik – der Quattro-Antrieb brachte 100 zusätzliche Kilogramm auf die Waage – deutlich leichter als die Mitbewerber aus München und Stuttgart. Wie in diesem Segment üblich gab es den Audi A8 ausschließlich als Stufenheck-Limousine. Auch eine 1997 auf dem Genfer Automobilsalon gezeigte Coupé-Version erreichte nie die Serie. Allerdings stand wie beim Vorgänger eine verlängerte Version im Programm.

Erfolg hatte Audi bei Gerhard Schröder, der den A8 als Staatskarosse einsetzte. Als ehemaliger Ministerpräsident von Niedersachsen hatte er eine besondere Beziehung zum Volkswagen-Konzern, aber auch seine Nachfolgerin Angela Merkel ließ sich im Audi chauffieren. In der Berliner Politik hatte Audi also bereits die Augenhöhe mit BMW und Mercedes-Benz erreicht.

Für den A8 hatten die Ingolstädter Ingenieure eine Aluminium-Karosserie entwickelt, die sie Space Frame tauften.

Im Vergleich zum Vorgänger besaß der neue A8 ein wesentlich eleganteres Design, das von den Kunden entsprechend geschätzt wurde.

Der Aufsteiger A8 war für Zeitgenossen gedacht, die sich ganz bewusst gegen die beiden anderen Premiummarken positionierten.

In das großzügige Gepäckabteil der großen Audi-Limousine passte die Golfausrüstung problemlos hinein.

April 1994

Mit seinen Anschlägen hält der Kaufhaus-Erpresser »Dagobert« die Polizei in Berlin und Hamburg in Atem. Der Mann hatte Anschläge auf Kaufhäuser verübt und Geld erpresst, war aber bei den Geldübergaben immer wieder geflüchtet. Im Frühjahr wurde Dagobert als Arno Funke identifiziert und am 22. April bei einem erneuten Erpresseranruf im Berliner Stadtteil Johannisthal festgenommen. Funke hatte Schäden in Höhe von zehn Millionen Mark verursacht, wobei die Kosten der umfangreichen Polizeiaktivitäten nicht ermittelt wurden. Auf 150.000 Mark beliefen sich allein die Kosten für Fangschaltungen. Funke wurde in einem ersten Verfahren zu sieben Jahren und neun Monaten Haft verurteilt. Später wurde das Urteil auf neun Jahre erhöht. Wegen guter Führung kam Funke frühzeitig frei und arbeitet danach für ein Satiremagazin.

CHEVROLET

- das Comeback

General Motors hatte in den 1990er-Jahren die umstrittene Strategie entwickelt, Design und Technik der verschiedenen Konzernmarken so zu vermischen, dass die individuellen Merkmale mehr oder weniger verschwanden. Zeitweise machten sich die Verantwortlichen nicht mal die Mühe, den Schriftzug der einzelnen Marke auf den Motorblock zu stempeln. So war es möglich, dass ein Pontiac zum Beispiel unübersehbar den Oldsmobile-Schriftzug trug. Als 1994 der Impala SS nach einer längeren Pause zu den Händlern rollte, fühlten sich viele Zeitgenossen an den Chevrolet Caprice, Baujahr 1991, erinnert, der vor allem von der Polizei, Taxiunternehmen und Rentnern bevorzugt wurde.

Als Antrieb wählten die Entwickler in Detroit eine abgeschwächte Version des Corvette-V8 mit 5,7 Liter Hubraum, der im Impala 260 PS (194 kW) leistete. Die Leistung wurde von einer Viergangautomatik an die Hinterräder übertragen. Den Kunden berechnete General Motors damals mindestens 22.495 Dollar. Mit einer Länge von 5,4 Metern war der Impala ein typischer Vertreter der US-amerikanischen Mittelklasse und entwickelte sich in den folgenden Jahren zu einem erfolgreichen Modell. Die Kunden schätzten vor allem die großzügigen Platzverhältnisse, die Leistung und die unkomplizierte Technik.

Erstmals gezeigt wurde der vom Team um den GM-Vorstand Jon Moss entwickelte Impala auf der Sema Show in Las Vegas. Nachdem die potenziellen Kunden von der Studie sehr angetan waren, entschloss sich der Konzern, den Impala von 1994 an im texanischen Werk in Arlington zu produzieren. Im ersten Produktionsjahr folgte General Motors der Philosophie von Henry Ford, der sein T-Modell zunächst ausschließlich schwarz lackiert verkaufte und bot ebenfalls nur eine schwarze Lackierung an. Später vergrößerte sich die Farbpalette auf drei Lackierungen.

Beim Chevrolet Impala schätzten die Kunden vor allem die großzügigen Platzverhältnisse und die einfache Technik.

Der aus der Corvette stammende und für den neuen Einsatz angepasste V8-Motor leistete im Impala 260 PS.

Der 5,4 Meter lange Impala war zu seiner Zeit in den USA ein klassischer Vertreter der Mittelklasse.

Die Neuauflage des Chevrolet Impala entwickelte sich während seiner Bauzeit zu einem erfolgreichen Modell.

LANCIA KAPPA

- das neue Flaggschiff

Lancia hatte – nicht nur in Italien – einen klangvollen Namen, doch bei der Qualität der Fahrzeuge hinkte der italienische Hersteller den anderen Premiumherstellern deutlich hinterher. Deshalb nahmen sich die Entwickler viel Zeit, um von Beginn an ein hohes Verarbeitungsniveau zu erreichen. Der Kappa, oder kurz »K«, kam im September 1994 als Nachfolger des Topmodells Thema auf den Markt. Neben der klassischen Stufenhecklimousine wurde der Kappa auch als Kombi und für eine kurze Zeit auch als elegantes Coupé angeboten, dass von dem Karosseriespezialisten Maggiora hergestellt wurde.

Das Design stammte vom hauseigenen Lancia Centro Stile in Zusammenarbeit mit den Kreativen des Turiner Unternehmens I.DE.A.

Als Antrieb gab es zunächst einen Zweiliter-Vierzylinder-Turbo mit 205 PS. Ein Zweiliter-Fünfzylinder ohne Aufladung kam auf 145 PS und ein 2,4-Liter-Fünfzylinder leistete 175 PS. Für die Topmotorisierung stand ein

Bem Design vertrauten die Lancia-Verantwortlichen den hauseigenen Kreativen und übertrugen die Aufgabe an das Lancia Centro Stile.

Dreiliter-V6 (204 PS) bei den Händlern. Die Dieselfraktion vertrat ein 2,4-Liter-Turbo mit 124 PS. Im Vergleich zum Thema war der Kappa in der Länge um acht Zentimeter auf 4,69 Meter gewachsen, und auch der Radstand hatte zugelegt, was vor allem den Passagieren im Fond zugutekam.
Nicht nur die Verarbeitungsqualität erreichte neue Höhen, auch bei der Ausstattung erreichte der Kappa ein neues Niveau. Schließlich sollte er die Rolle des Topmodells der Marke und gleichzeitig auch des Fiat-Konzerns übernehmen, zu dem Lancia seit einigen Jahren gehörte. So waren unter anderem ein in Höhe und Länge verstellbares Lenkrad, eine in der Heckscheibe integrierte Antenne, eine Kontrolleinheit, Velourpolsterung, ABS und zwei Airbags serienmäßig. Für die Klimaanlage, Lederpolsterung von Poltrona Frau musste extra bezahlt werden. Die Audioanlage kam von Clarion.
Um die bei Neuwagen typischen und unangenehmen Gerüche zu unterdrücken, spendierten die Entwickler dem Kappa einen sogenannten Geruchsneutralisierer, der ein halbes Jahr lang die olfaktorische Belästigung effektiv beseitigte.

Tester lobten vor allem das agile Fahrverhalten der großen Lancia-Limousine.

Der Kappa war das neue Topmodell des Fiat-Konzerns und entsprechend großzügig ausgestattet.

Als Topmotorisierung spendierten die Lancia-Entwickler dem Kappa einen Dreilter-V6 mit 204 PS.

AUDI RS2

– der Schnelltransporter

Äußerlich ein harmloser Kombi, doch tatsächlich ein Porsche-Jäger mit 315 PS unter der Haube.

Der Audi RS2 war äußerlich kaum von den zivilen Kombis der Baureihe zu unterscheiden.

Der Audi Avant RS2 war ein gemeines Auto. Gemein, weil sich unter der unscheinbaren Karosserie eines Audi 80 Avant echte Sportwagentechnik verbarg und auf der linken Spur vermeintlich leistungsstärkere Modelle erbarmungslos vor sich hertrieb. Als er 1994 auf den Markt kam, war das Modell der stärkste und schnellste jemals gebaute Audi. Die werksinterne Bezeichnung P1 und ein unscheinbares Logo am Heck verrät auch die Herkunft des Sportkombis. Der RS2 war das Ergebnis einer Zusammenarbeit von Audi und Porsche. Wie schon beim Mercedes 500 E griffen die Porsche-Entwickler in die Trickkiste und verwan-

delten einen biederen Kombi in einen Porsche-Jäger. Im Gegensatz zu Mercedes aber klebten sie ihr Logo auf die Heckklappe.
Offiziell ein Audi, wurde der RS2 bald auch Audi-Porsche RS2 genannt. Mit diesem Modell begann bei Audi die Entwicklung des neuen Segments der Sportkombis, in das bald auch andere Hersteller einstiegen. Unter der minimal modifizierten Kombi-Karosserie platzierten die Techniker einen 2,2-Liter-Fünfzylinder-Turbomotor, der bereits im Audi S2 für Furore sorgte. Die Leistung des Antriebs wurde allerdings um 85 PS auf 315 PS gesteigert, und auch das maximale Drehmoment wuchs auf 410 Newtonmeter. Auch das Fahrwerk wurde dem neuen Leistungsniveau angepasst, doch im Fahrbetrieb ließ sich das Kraftpaket ohne die für Sportwagen typische Härte auch als Familientransporter bewegen. So ausgestattet beschleunigte der RS2 in 5,3 Sekunden von Null auf 100 km/h und erreichte eine Höchstgeschwindigkeit von 262 km/h. Dem hatten damals nur wenige andere Modell etwas entgegenzusetzen, und mancher Sportwagenpilot fragte sich, ob bei seinem Wagen noch alles in Ordnung war, als der RS2 an ihm vorbeizog. Der serienmäßig mit Allradantrieb ausgerüstete Eiltransporter kam ausschließlich als Kombi – Avant bei Audi – zu den Kunden. Allerdings entstanden neben den Kombis auch noch vier Limousinen, von denen zwei Exemplare in die Vereinigten Arabischen Emirate gingen. Ein Exemplar steht im Ingolstädter Audi-Museum. Von vorneherein war eine Auflage von 2200 Einheiten geplant – am Ende kamen 2891 RS2 auf die Straßen. Als Preis standen damals stolze 98.900 Mark in der Preisliste. Dafür konnte man auch einen echten Porsche kaufen, doch der Fahrspaß mit dem RS2 war unbezahlbar. Auch der mehrfache Rallye-Weltmeister Walter Röhrl, der sowohl mit Audi wie auch Porsche verbunden war, konnte sich für den RS2 begeistern. »Der RS2 ist eine echte Sportwagenalternative mit viel Paltz für Personen und Gepäck. Motorleistung, Fahrverhalten, Bremse, das ist ein homogenes Ganzes, da passt alles zusammen.«

„Bugatti-Blau" war eine der beliebtesten Lackierungen für den stärksten Audi-80 aller Zeiten.

Insgesamt 2891 Audi RS2 kamen auf die Straße. Ursprünglich sollten es nur 2200 Exemplare sein.

Der mehrfache Rallye-Weltmeister Walter Röhrl adelte den RS2 zu einer „echten Sportwagenalternative."

BMW SIEBENER

– Navigator-Premiere

Der neue Siebener von BMW kam als erstes europäisches Modell mit einem Navigationssystem zu den Kunden.

Der Innenraum war mit den für BMW typischen Elementen gestaltet worden.

Auch im Fond herrschten angemessene Platzverhältnisse – insbesondere in der Variante mit leicht gestreckter Karosserie.

Mit der Baureihe E38 setzte BMW das Duell mit Mercedes-Benz um die Krone im Luxussegment fort. Bei der dritten Generation der Baureihe setzten die Entwickler mehr auf innere Werte, sodass der Kreativabteilung lediglich geringe Modifikationen an der Karosserie gestattet waren. Neu war die Integral-Hinterachse und – Premiere in Europa – das Navigationssystem Carin als Sonderausstattung, das über einen Bildschirm im Format 4:3 den Weg ans Ziel wies. Der überschaubar große Monitor hatte auch eine TV-Funktion, die allerdings aus Sicherheitsgründen nur im Stillstand eingeschaltet werden konnte. Damit waren die Bayern dem Stuttgarter Mitbewerber einen Schritt voraus.
Bei der Markteinführung im Juni 1994 standen zunächst lediglich die Modelle 730i und 740i bei den Händlern. Der 730 wurde – wenig überraschend – von einem Dreiliter-Sechszylinder angetrieben, der 218 PS (160 kW) leistete und die Limousine auf 235 km/h beschleunigte. Zwischen Null und 100 km/h vergingen 8,3 Sekunden.
Die Leistung wurde von einem manuellen Fünfganggetriebe an die Hinterachse vermittelt. Im 740i arbeitete ein Achtzylinder mit vier Liter Hubraum und 286 PS (210 kW), der in 6,9 Sekunden auf 100 km/h beschleunigte. Die Höchstgeschwindigkeit wurde bei 250 km/h abgeregelt. Für die Variante war eigens ein neues Sechsgangschaltgetriebe entwickelt worden. Das galt auch für den im Herbst 1994 nachgereichten Zwölfzylinder, der nach 6,6

Die Karosserie der neuen Siebener-Baureihe wurde nur dezent überarbeitet.

Die neue Siebener-Baureihe hatte die Konkurrenz in Stuttgart in vielen Details hinter sich gelassen.

Unter der Haube des 740i arbeitete ein Achtzylinder mit 286 PS. Die Höchstgeschwindigkeit war bei 250 km/h erreicht.

Sekunden 100 km/h erreichte. Die Leistung wurde einem Fünfgang-Automatikgetriebe anvertraut.
Nach zwei Jahren wurde die Sicherheitsausrüstung weiter ausgebaut, und Seitenairbags gelangten in die serienmäßige Ausstattung. Ein Jahr später wurden auch die Passagiere im Fond entsprechend geschützt.

Die neue Generation der BMW Siebener-Baureihe besaß ein elegantes und zugleich dezentes Design.

Am 13. November fuhr Michael Schumacher nach einem umstrittenen Fahrmanöver gegen seinen britischen Rivalen Damon Hill im australischen Adelaide zum ersten seiner insgesamt sieben Weltmeistertitel. Am Ende hatte Schumacher in seinem Benetton-Ford einen Punkt Vorsprung vor Damon Hill. Später folgten noch weitere sechs Titel und am Ende seiner Karriere hielt der aus dem rheinischen Kerpen stammende Rennfahrer alle Rekorde, die es in der Formel 1 zu erzielen gab.

November 1994

BMW DREIER COMPACT

- Vorstoß in die Golfklasse

Mit dem Dreier Compact fuhr BMW in die Golf-Klasse. Dafür wurde die Dreier-Reihe verkürzt und mit einer Heckklappe ausgerüstet.

Irgendwann erkannten die Verantwortlichen der Premiumhersteller, dass sich die vom Golf begründete Kompaktklasse zum beherrschenden Segment entwickelt hatte. Gleichzeitig erkannten sie, dass die kompakten Modelle immer besser ausgestattet wurden und ihren Modellen Marktanteile streitig machten. Was tun? Bei BMW nahmen sich die Entwickler den Dreier vor und schufen auf dieser Basis ein neues Fahrzeug, dem sie den programmatischen Namen Compact gaben.

Im Pressetext lobte sich BMW, mit dem Modell »den Markt der kompakten Schrägheck-limousine im Premiumsegment« begründet zu haben. Der Compact war beim Marktstart ein Einzelgänger, denn in Stuttgart entstand zwar ein vergleichbares Fahrzeug, doch bis zum Produktionsstart sollten noch einige Jahre vergehen.

Im Vergleich zur Dreier-Limousine war der Compact um 21 Zentimeter kürzer und der Pressetext versprach damals eine »eigene sportlich abgestimmte Fahrwerksabstimmung« sowie eine »hochwertige Ausstattung und modernste Motorentechnologie«. In der Marketing-Lyrik stellt der Compact »eine ganz eigenständige Synthese aus Sportlichkeit und Praktikabilität dar.«

Die Frontpartie wurde unverändert von der Dreier-Limousine übernommen.

Der Innenraum entsprach dem Premiumanspruch der Kundschaft.

Im Gegensatz zum Wettbewerb kam der Dreier Compact als Dreitürer auf den Markt.

Das Cockpit war wie bei den anderen BMW-Modellen auf den Fahrer konzentriert.

Im ersten Modelljahr war der Dreier Compact zurückhaltend motorisiert.

Das Design wirkte so, als hätten die Kreativen mit einer Flex den hinteren Überhang der dreitürigen Limousine abgetrennt und eine Heckklappe eingepasst. In der ersten Auflage wurde die Frontpartie der Dreier-Limousine übernommen. Erst beim zweiten Auftritt erhielt der Compact ein eigenständiges Gesicht.

Beim Marktstart im März 1994 war es mit der Sportlichkeit allerdings nicht weit her, denn als einziger Antrieb war ein 1,6-Liter-Vierzylinder mit 102 PS (75 kW) lieferbar. Das änderte sich im zweiten Produktionsjahr, als ein 1,8-Liter mit 140 PS (103 kW) ins Programm rollte. Wie beim Marktführer Golf kam auch ein Sechszylinder unter die Motorhaube, der von 1997 an lieferbar wurde. Im 323 ti leistete der 2,3-Liter 170 PS (125 kW). Auch die Dieselfraktion wurde von 1995 an bedient. Der 318 tds kam auf 90 PS (66 kW) und dann stand da noch ein Compact mit Erdgasantrieb (80 PS/60 kW) bei den Händlern. Erdgas war damals ein Hoffnungsträger für eine geringere CO2-Bilanz und vor allem in Italien sehr beliebt.

EUROVANS

- französisch-italienisches Quartett

„Evasion" kann aber auch mit Zerstreuung übersetzt werden, also ein Fahrzeug für die schönen Dinge im Leben.

Bei Citroën fuhrt die Gemeinschaftsproduktion als „Evasion" vor, was auf Deutsch „Flucht" bedeutet.

Auf jeden Fall war im Evasion von Citroën viel Raum für die Freizeitaktivitäten der Kundschaft.

Die vier „Van-Musketiere“ unterschieden sich vor allem durch die Gestaltung der Front. Der Lancia trug den traditionellen Grill.

In den 1990er-Jahren eroberten die sogenannten Minivans Marktanteile und 1993 rollten rund 100.000 der praktischen Familienfreunde auf den Markt. Marktbeobachter waren sich damals sicher, dass der Markt der auf Deutsch wenig anregend Großraumlimousinen genannten Fahrzeuge bis zum Ende des Jahrzehnts auf eine halbe Million pro Jahr wachsen würde. Um diesen Markt bedienen zu können, benötigte die Industrie zusätzliche Modelle, um das Angebot auszubauen. Bei Renault hatte sich der Espace als Familientransporter bewährt und auch der Toyota Previa hatte Kunden gefunden. Außerdem erlebten die US-amerikanischen Hersteller mit dem Chrysler Voyager und den Pontiac Transport, der im Crashtest eine denkbar schlechte Figur abgab, eine kurze Erfolgsphase.
Um sich Marktanteile in diesem wachsenden Segment zu sichern, entstand Anfang der 1990er-Jahre eine französisch-italienische Alli-

Auch das Cockpit wurde von den vier Partnern wie im Lancia Z jeweils individuell gestaltet.

Lancia blieb sich treu und wählte für die Typenbezeichnung seines gut ausgestatteten Van den Namen Z.

anz. Wahrscheinlich einigten sich die Familien Peugeot und Agnelli (Fiat) auf dem kurzen Dienstweg und das Ergebnis waren die technisch identischen Modelle Peugeot 806, Citroën Evasion, Fiat Ulyssse und Lancia Z. Von den Modellen, so erklärte die Fiat-Presseabteilung, sollte sich eine breite Kundschaft angesprochen fühlen: »Familien und Singles, dynamische Individualisten und Manager ebenso wie Handwerker und Sportler.«

Beim Design der verschiedenen Variationen unterschieden sich die Modelle allein durch die Gestaltung der Frontpartie sowie der Radkappen und Scheinwerfer sowie der Heckleuchten. Auch die Innenräume waren individuell gestaltet, wobei der Lancia einen Hauch von Luxus in das Segment brachte. Um den Zugang zu den Sitzen im Fond zu erleichtern, hatten die Modelle seitliche Schiebetüren.

Die Eurovans getaufte Baureihe der vier Hersteller teilte sich die Frontantriebstechnik mit quer eingebauten Vierzylindermotoren. Die Topmotorisierung war ein Zweiliter-Turbo mit 147 PS. Daneben gab es natürlich auch Dieselmotoren mit einem Leistungsspektrum von 66 bis 81 kW.

Peugeot beförderte den Familien-Van zum 806, und damit trug die Baureihe die höchste Nummer in der Modellpalette.

Der Van war sowohl für Familien wie auch für freizeitorientierte Kunden konzipiert worden.

Die Eurovans teilten sich die Antriebstechnik und kamen alle mit Frontantrieb auf den Markt.

Bei Fiat wählten die Verantwortlichen „Ulysse" als Typenbezeichnung. Wie bei den anderen Vans erleichterten seitliche Schiebetüren den Zugang.

Neben Front- und Heckansicht wählten die Unternehmen auch individuelle Räder als Unterscheidungsmerkmal.

FERRARI F355

- hart, aber herzlich

Der Genfer Automobilsalon war über Jahrzehnte die Bühne für besondere Vorstellungen und deshalb wählte Ferrari die traditionsreiche Veranstaltung, um 1994 den Nachfolger des Modells 348 erstmals der Öffentlichkeit zu zeigen. Zwar war der 348 GTB/GTS alles andere als untermotorisiert, doch beim 355 legten die Ferrari-Entwickler noch eine Schippe drauf und steigerten die Leistung des 3,5-Liter-V8 auf 381 PS (280 kW), was sich in eine Beschleunigung von 4,7 Sekunden aus dem Stand auf 100 km/h und eine Höchstgeschwindigkeit von 295 km/h übersetzte.
Beeindruckende Zahlen, doch der damalige Chefredakteur von »auto motor und sport«, Klaus Westrup, bemängelte in seinem Testbericht das »eingeschränkte Raumangebot«, den unbequemen Einstieg und den »schlechten Langsamfahrkomfort«. In der Tat hatten die Entwickler in Maranello eine harte Abstimmung gewählt, um den sportlichen Einsatz des 355 zu ermöglichen. Den Testern des Magazins »Sportauto« gefiel dieses Fahrverhalten. »Der Ferrari liegt ruhig auf der Straße und lässt weder auffällige Seitenneigung in Kurven zu, noch offenbart er unruhiges Taumeln auf Fahrbahnen zweiter Ordnung. Auch bei Höchstgeschwindigkeit zeigt der Ferrari nicht die kleinste Unart.« Allerdings hatten die Tester auch eine Warnung für potenzielle Kunden: »Auf nasser Fahrbahn erfordern die zackigen Reaktionen eine schnelle Hand« Und: »Driften sollten in einem F355 bestenfalls Profis auf abgesperrten Straßen.«
Dem 355 spendierten die Konstrukteure zahlreiche neue Entwicklungen, die, wie Beobachter damals anmerkten, Ferrari in die Neuzeit versetzten. Dazu gehörten die Fünfventiltechnik, ein elektronisch verstellbares Fahrwerk und das später angebotenen Getriebe aus der Formel 1. Diese Innovationen machten den F355 zu einem wirtschaftlichen Erfolg.

Für den neuen F355 hatten die Ferrari-Entwickler eine harte Abstimmung gewählt.

Der F355 besaß als Neuheit für die Marke ein elektronisch verstellbares Fahrwerk.

Der F355 wurde von einem V8-Motor mit 381 PS angetrieben.

In den Testberichten wurde immer wieder die hervorragende Straßenlage gelobt.

Das Design übernahm die für die Marke typische Formensprache.

TOYOTA RAV4

- seiner Zeit voraus

1994 kannte noch niemand den Begriff Sport Utility Vehicle und Masakatsu Nonaka, damals Chefentwickler für ein neues Fahrzeug, das im März 1994 auf dem Genfer Automobilsalon präsentiert wurde, war nicht bewusst, dass er mit dem RAV4 ein neues Segment begründet hatte.
Fahrzeuge mit Allradantrieb waren damals mit Ausnahme des Range Rover raue Gesellen, die vor allem für den Einsatz abseits »zivilisierter Straßen« entwickelt worden waren. »RAV4« stand damals für »Recreational Actitve Vehicle with 4 wheel drive«. Offensichtlich hatte Toyota damals einen guten Riecher, denn der zunächst ausschließlich als Zweitürer lieferbare RAV4 wurde den Japanern aus den Händen gerissen. Die zunächst geplante Produktion von 4500 Exemplaren pro Monat musste bald verdoppelt werden.

Der erste RAV 4 kam als kompakter Zweitürer zu den Händlern.

Die Geschichte des RAV 4 begann bereits 1989, als auf dem Toyota-Stand bei der Tokyo Motor Show die nicht fahrbereite Studie RAV-Four stand. Die japanischen Hersteller nutzen die Messe traditionell für nicht immer praxisnahe Studien, die nach der Veranstaltung im Archiv verschwinden. Doch dieses Mal war das Urteil des internationalen Publikums so eindeutig, dass sich die Toyota-Verantwortlichen ent-

schlossen, dem Konzept eine Serienchance zu geben und damit ein neues Segment zu begründen.
Der Allradler für die Stadt oder »Urban AWD« wurde von einem quer eingebauten Zweiliter-Vierzylinder angetrieben, der 129 PS leistete. Die Abmessungen des Dreitürers entsprachen mit 3,69 Metern einem Kleinwagen. Ein Jahr nach der Vorstellung schob Toyota eine größere viertürige Variante nach, die den Dreitürer bald in den Hintergrund drängte.
Der Weg zur Serienfertigung war alles andere als einfach, denn im Unternehmen entwickelte sich starker Widerstand gegen das Konzept, doch dann kamen die japanischen und europäischen Vertriebler, die dem Konzept große Marktchancen bescheinigten.
Drei Jahre nach Vorstellung des Verbrenner-Modells kam in Kalifornien eine vollelektrische Version auf den Markt, um die dortigen Abgasgesetze zu erfüllen. Die Fahrzeuge wurden an die Interessenten ausschließlich verleast. Allerdings war die Auflage von 1.575 Fahrzeugen überschaubar und nachdem die Vorschriften wieder gelockert wurden, verschwand der elektrische RAV4 wieder von der automobilen Bühne. Als Höchstgeschwindigkeit gab Toyota 129 km/h an und die maximale Reichweite war bei 160 bis 190 Kilometer erreicht. Als Energiespender kam ein Nickelmetallhydrid-Akku zu Einsatz, der später auch beim Hybridmodell Prius genutzt wurde.

Ohne es zu wissen, startete Toyota mit dem „Urban AWD" ein neues Fahrzeugsegment.

Die Abkürzung „RAV" stand für „Recreational Active Vehicle". SUV kannte damals niemand.

Der Dreitürer war überschaubare 3,69 Meter lang.
Später folgte eine längere viertürige Version.

1995
Fiat Punto

Auto des JAHRES 1995

Am 31. August 1993 war im Turiner Fiat-Stammsitz Lingotto alles für eine große Feier angerichtet, um den Nachfolger des erfolgreichen Kleinwagens Uno der Fachpresse zu zeigen.
Der Fiat Punto war von dem damals unvermeidlichen Giorgetto Giuigiaro entworfen worden und sollte nichts weniger als die beherrschende Position der Marke auf dem Kleinwagenmarkt zu sichern. Immerhin war der Uno zehn Jahre in Folge der meistverkaufte Kleinwagen in Europa gewesen. Der Punto erfüllte diese Erwartungen und 1995 wurde das pfiffige Modell zum europäischen Auto des Jahres gewählt. Für die Produktion des neuen Modells griff Fiat tief in die Kasse und baute in Melfi eine neue Fabrik für den Kleinen.

Der Punto war als Drei- und Fünftürer ausgelegt und in sechs Ausstattungsvarianten, mit sechs Motorisierungen und 14 Karosseriefarben lieferbar. Dank Giugiaros cleverem Design erreichte der 3,67 Meter lange Punto bessere Innenraumwerte als der Uno, auch die Ausstattung war deutlich aufgewertet und bot Details an, wie man sie bis dahin in diesem Segment nicht kannte. Die Motorenplatte reicht von einem 1,1-Liter-Antrieb mit 60 PS (43 kW) bis zum Punto GT mit einem 1,4-Liter-Turbo mit 136 PS (100 kW). Ein Turbodiesel (1,7 Liter) kam auf 70 PS (51 kW).
Der Punto kam mit zahlreichen Versionen auf den Markt. Unter anderem war eine Selecta-Variation lieferbar, die mit dem stufenlosen Automatikgetriebe CVT für den Stadtverkehr gedacht war. Für sicherheitsbewusste Kunden war außerdem eine HSD-Version im Programm.

Der Punto löste den erfolgreichen Uno ab und setzte die Erfolgsgeschichte fort.

Neben dem Viertürer für die Familie gab es auch einen Zweitürer für „Einzelkämpfer".

Fiat sah seine Kundschaft vor allem bei jugendlichen Zeitgenossen.

Als Viertürer war der kleine Fiat vor allem bei jungen Familien beliebt.

Das Cockpit war übersichtlich gestaltet und entsprach den Fiat-Lösungen.

Der Punto war auch in vielen modisch-bunten Farben lieferbar.

Für Frischluftfreunde brachte Fiat später auch eine Cabrio-Version auf den Markt.

Der Punto erwies sich als würdiger Nachfolger das Fiat Uno.

Das Design stammte natürlich vom damals vielbeschäftigten Giorgetto Giugiaro.

Eine „bella machina“ . In Italien war der Punto auf Anhieb ein begehrtes Modell

Die Angebotspalette umfasste für alle Ansprüche das passende Modell.

BMW E39

- dezenter Nachfolger

Beim Design des neuen Fünfers wählten die Designer um den Japaner Nagashima eine dezente Formensprache, die sich eng an den Vorgänger anlehnte. Der in Tokyo geborene Designer hatte die Aufgabe von Claus Luthe übernommen, der BMW verlassen musste. Luthe hatte seinen alkoholkranken Sohn im Streit getötet. Er war wegen »Totschlags in einem minder schweren Fall« zu einer Haftstrafe von zwei Jahren und neun Monaten verurteilt worden und kam kurz nach dem Urteil wieder frei. Luthe blieb BMW allerdings als Berater erhalten.
Nakashima, seit 1988 bei BMW, war zwischen 1992 und 1994 für das Design des intern E39 bezeichneten Modells verantwortlich. Zuvor hatte er bereits den Z3 entworfen. Als Luthes Nachfolger kam Chris Bangle an Bord. Nakashima verpasste den Doppelscheinwerfern eine Glasabdeckung und verfeinerte die Linie der Karosserie, um einen optimierten Cw-Wert zu erreichen. Am Ende stand die Zahl 0,28.
Bei der Entwicklung der vierten Generation der Fünfer-Baureihe legten die Entwickler besonderen Wert auf eine Verbesserung der Qualität und den Komfort. In den Crashtests erreichte das Modell hervorragende Ergebnisse und das Fahrwerk bestand – eine Premiere – fast ausschließlich aus Aluminium. Die 1997 auf den Markt gerollte Touring genannte Kombiversion besaß an der Hinterachse eine Luftfederung mit Niveauausgleich.
Auch BMW konnte sich nicht dem Trend entziehen, vermeintlich biedere Modelle einer Leistungskur zu unterziehen. Das Ergebnis war der M5 mit einem 400 PS starken V8-Motor.

Warum ein erfolgreiches Modell ändern, dachten sich die Designer und verzichteten auf gravierende Eingriffe beim neuen Fünfer.

Bereits 1989 hatte die Entwicklung der neuen Fünfer-Generation begonnen. Bis zum Abschluss absolvierten die Versuchsingenieure rund 30 Millionen Testkilometer in Alaska, Südafrika und in der Arktis.
Die damals aktiven »Erlkönig-Fotografen« erwischten den neuen Fünfer bereits 1993 bei den Testfahrten und veröffentlichten die ersten Fotos. Zwei Jahre später veröffentlichte BMW die ersten Aufnahmen der Serienversionen, im September fand die Premiere auf der IAA in Frankfurt statt, im Dezember begann der Verkauf in Europa.
Die Antriebspalette umfasste Sechs- und Achtzylinder-Benziner sowie Vier- und Sechszylinder-Dieselmotoren. Dabei reichte das Leistungsspektrum vom 115 PS (85 kW) starken Diesel im 525 td bis zum 400 PS starken M5.

Die traditionelle Niere war nahtlos in die Frontpartie integriert.

Die Heckansicht unterschied sich nur wenig vom Vorgängermodell.

Warum ein erfolgreiches Modell ändern, dachten sich die Designer und verzichteten auf gravierende Änderungen beim neuen Fünfer.

Die Aufwertung der neuen Baureihe fanden vor allem unter dem Blech statt.

Der Innenraum war, wie von BMW gewohnt, ergonomisch gestaltet.

MERCEDES E-KLASSE

- die mit den vier Augen

Das Mercedes-Design war bis dato vor allem für seine solide Formensprache bekannt und stand irgendwie unter dem Motto: Keine Experimente. Deshalb war die im Frühjahr 1995 erstmals gezeigte neue E-Klasse ein echter Hingucker.
Die Kreativen hatten der Limousine und dem Kombi vier elliptische Scheinwerfer in die Frontpartie transplantiert. Dieses neue Gesicht wurde bereits 1993 bei einer Designstudie auf dem Genfer Automobilsalon gezeigt. Der Mut der Designer bei der Gestaltung der intern W210 genannten Baureihe wurde mit der Auszeichnung Red Dot Design Award belohnt. Die neue Form lieferte gleichzeitig einen sehr guten Cw-Wert von 0,27.
Wie erstmals die C-Klasse, kam auch die E-Klasse in den Ausstattungslinien Classic für die Basismodelle und Elegance sowie Avantgarde auf den Markt. Im Innenraum herrschte – wenigstens in den Varianten Classic und Elegance – die für Mercedes typische Materialauswahl mit Edelholzeinlagen. Beim Avantgarde war die Materialauswahl etwas mutiger. Gegen Aufpreis ließ sich das Leben in der E-Klasse angenehmer gestalten. Dazu gehörte unter anderem ein Regensensor, der den Scheibenwischer in Gang setzte. Eine Klimaautomatik war ebenfalls nur gegen zusätzliche Zahlung integriert, auch die Warnsensoren für Einparkhilfe

Die neue Baureihe, die als E-Klasse vorgestellt wurde, war aerodynamisch optimiert worden.

Mit dem „Vier-Augen-Gesicht" begann eine neue Design-Epoche bei Mercedes.

(Parktronic) kosteten einen Aufpreis. Hingegen waren das elektronische Traktionssystem, elektrische Fensterheber vorn und auch hinten Teil der Serienausstattung.
Vom Vorgänger wurden die Antriebe zum Teil überarbeitet übernommen, nur im E 290 Turbodiesel kam ein neuer Motor zum Einsatz. Die Leistung wurde bei den meisten Versionen von einem manuellen Fünfganggetriebe, das sich samtig schalten ließ, übertragen. Bei den größeren Modellen wurden die Gangwechsel von einer vier- oder Fünfgangautomatik übernommen. Die bewährte Raumlenkerhinterachse wurde aus dem Vorgängermodell übernommen. Im Jahr 1996 kam die Kombiversion als T-Modell in die Baureihe.
Ein besonderes Modell mit sechs Türen wurde im Auftrag des thailändischen Königshauses hergestellt. Die verlängerte Limousine wurde 1996 vom Karosseriebauunternehmen Binz fertiggestellt. Als Basis diente ein E 320, der um 97 Zentimeter verlängert wurde. Offensichtlich gab es neben dem Kunden in Thailand auch weitere Interessenten, deshalb entschloss sich Binz von 1996 an, die Variante in Serie zu produzieren. Später entstand auch eine Version mit zwei gegenüberliegenden Sitzreihen im Fond.

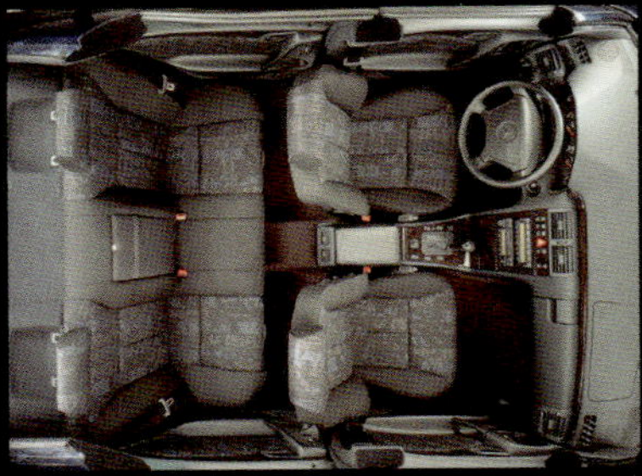

Im Innenraum blieben die Stuttgarter Kreativen der klassischen Linie der Marke treu.

Das Cockpit war übersichtlich gestaltet, und Holz war unverändert ein wichtiges Detail.

Im Heck gab es gegen Aufpreis zwei gegen die Fahrtrichtung platzierte Sitze für den Nachwuchs.

Als erstes Großserienmodell kam der Scorpio serienmäßig mit der serienmode

Das neue Design war für die mittlere Mercedes-Baureihe ein echter Jungbrunnen.

Trotz des neuen, frischen Frontdesigns blieb der Mercedes-Stern an seiner gewohnten Stelle.

Die E-Klasse entwickelte sich schnell zum Lieblingsmodell der Taxler-Gemeinde.

Die Kombiversion der E-Klasse besaß ein gegenüber dem Vorgängermodell deutlich gewachsenes Gepäckabteil.

Juni 1995

Es hat lange gedauert, bis der Widerstand überwunden war, doch am 24. Juni war das Werk vollbracht. Das Künstler-Ehepaar Christo hatte über viele Jahre um die Genehmigung gekämpft, den Berliner Reichstag wie schon zuvor die Pont Neuf in Paris zu verhüllen. Die anfängliche Skepsis vieler Gegner des Projekts war schnell verflogen, nachdem sie das Ergebnis sahen. Am 24. Juni war das Gebäude vollkommen verpackt und bis zum Ende der Aktion kamen mehr als fünf Millionen Menschen nach Berlin, um das vergängliche Kunstwerk zu betrachten.

FIAT BARCHETTA

– ein Boot für die Straße

Die Barchetta setzte die Tradition pfiffiger Fiat-Cabriolets fort.

Als Basis für den Roadster diente der kleine Punto. Die Designer verzichteten auf jeglichen Chromschmuck.

Das Cockpit war aufgeräumt und auf den Fahrer gerichtet.

Das Fahrwerk des Roadsters erreichte eine sehr gute Torsionssteifigkeit.

Um das Design des Barchetta zu entwickeln, hatte Fiat zwei Teams gebildet, die unter der Leitung des später bei BMW umstrittenen Chris Bangle und des griechischen Designers Andreas Zapatinas standen. Zapatinas erzählte später, dass er an Heiligabend 1990 vom damaligen Leiter des Centro Stile aufgefordert wurde, einen Spider auf Basis des Punto zu entwerfen.

Die beiden Teams machten sich an die Arbeit und ihre Kreativität spiegelte sich auch in den verschiedenen Namen wider, die offensichtlich von einer örtlichen Pizzeria beeinflusst waren. »Diavola« hieß das Projekt des Teams von Chris Bangle, während sich die Zapatinas-Gruppe für »Marinara« entschied. Das Bangle-Team schlug die Verwandlung des Fiat Coupés in einen Spider vor, während der Vorschlag der Gruppe um Zapatinas Elemente berühmter italienischer Spider zitierte.

Um den offenen Zweisitzer vom geschlossenen Modell zu unterscheiden, gewann das Zapatinas-Team, bei dem der Radstand gegenüber dem Punto um 17 Zentimeter verkürzt worden war und bei dem sich so eine klassische Roadster-Silhouette mit einer langen Motorhaube ergab. Bei der Gestaltung verzichteten die Designer auf jeglichen Schnickschnack, addierten aber einige Details aus früheren Modellen. Dazu gehörten die versenkten Türgriffe, die an den Cisitalia Pinin Farina erinnern, und die unter einer Kunststoffverkleidung platzierten Scheinwerfer griffen ebenfalls ein Element aus der Vergangenheit auf. Die seitliche Blechfalte erinnerte laut Fiat-Chef Cantarfella an den Ferrari 166 (MM) mit Touring-Karosserie der späten 1940er-Jahre.

Wie bei Sportwagen üblich befand sich der Drehzahlmesser direkt hinter dem Lenkrad, das Radio war zwischen den beiden Lüftungsdüsen und den Bedienelementen der Klimaanlage platziert. Das Fahrwerk wurde überarbeitet, um die Torsionssteifigkeit zu optimieren. Der Rahmen der Windschutzscheibe diente gleichzeitig als Überrollbügel. Als Antrieb transplantierten die Entwickler einen 1,8-Liter-Vierzylinder mit 131 PS, was für eine Höchstgeschwindigkeit von 200 km/h reichte.

Die Produktion begann Ende 1994 und war einigermaßen kompliziert. Die Firma ILCAS in Sparone lieferte die Blechteile, Maggiora montierte die Automobile im ehemaligen Lancia-Werk in Chivasso und die Motoren wurden aus Pratola Serra zugeliefert. Lackiert wurden die Fahrzeuge schließlich bei Bertone in Grugliasco.

Bella Italia oder: So schön kann offenes Fahren sein.

VW SHARAN/ FORD GALAXY

– Köln-Wolfsburger Duett

Anfang 1995 bat der damalige Chef von Ford Deutschland (und Ford of Europe) Albert Caspers eine Journalistengruppe in ein Nebenzimmer eines südfranzösischen Luxushotels und zeigte das Ergebnis der Zusammenarbeit mit Volkswagen. In dem Raum konnten die Pressevertreter den brandneuen Ford Galaxy, der im späteren Jahresverlauf mit dem baugleichen Volkswagen Sharan auf den Markt kommen sollte, intensiv begutachten. In Wolfsburg waren die Verantwortlichen nicht sonderlich von diesem Alleingang des Partners begeistert.

Ford und Volkswagen hatten sich verbündet, um gemeinsam ein Angebot in dem rasant wachsenden Segment der Großraumlimousinen an den Start zu bringen. Schließlich waren den beiden Unternehmen die Entwicklungskosten zu hoch, und so ging man den Weg, den bereits die PSA (Peugeot/Citroën) und Fiat bei der gemeinsamen Entwicklung der Euro Vans beschritten hatten. 1991 waren die Verträge unterschrieben und die Entwicklung konnte beginnen. Für die Gemeinschaftsproduktion wurde in Portugal eine neue Fabrik gebaut, an der die beiden Konzerne jeweils

Der VW Sharan und Ford Galaxy unterschieden sich durch die Frontpartie.

Volkswagen wählte als Namen Sharan, was im Sanskrit Schutz bedeutet.

zur Hälfte beteiligt waren. Zwar gab es im Ford-Universum mit dem Windstar ein Angebot, doch war das Modell vor allem für den amerikanischen Markt entwickelt worden und entsprach in seinen Dimensionen nicht dem europäischen Geschmack.

Als Dritter im Bunde folgte 1996 mit dem Seat Alhambra eine spanische Interpretation des Themas. Die Verbindung der beiden Hersteller hielt bis 1998. Wegen unterschiedlicher Auffassungen über die Größe des Nachfolgemodells trat Ford seine Anteile an der portugiesischen Fabrik ab und entwickelte die weiteren Galaxy-Variationen allein weiter. Am Ende unterschied sich der neue Ford-Galaxy nur wenig von den weiter in Portugal hergestellten Volkswagen-Exemplaren. Deshalb wurde vermutet, dass die Entscheidung, die Zusammenarbeit zu beenden, andere Gründe gehabt haben muss.

Die Antriebspalette reichte vom 1,8-Liter-Vierzylinder mit 85 kW bis zum 2,8-Liter-Sechszylinder (128 kW) bei den Benzinern. Für die Dieselfreunde gab es einen 1,9-Liter-Antrieb mit 66 bis 81 kW.

Das Cockpit entsprach den damals geltenden Design-Auffassungen.

Auch die Bundespolizei schätzte die Raumverhältnisse in den Vans von Volkswagen und Ford.

1995

Die Epoche der Musik-Kassetten neigte sich 1995 dem Ende entgegen. Der Tonträger, der sich im Walkman zum ständigen Begleiter entwickelt hatte, wurde nach und nach von der Compact Disc abgelöst, die von Phillips gemeinsam mit Herbert von Karajan entwickelt worden war. Und weil der Dirigent darauf bestand, dass Beethovens neunte Symphonie in voller Länge abgespielt werden konnte, hatte die Silberscheibe auch eine wesentlich längere Laufzeit als die Kassette. Aus dem Walkman wurde 1995 der Discman, der bessere Tonqualität ermöglichte und vor allem weitgehend fehlerfrei funktionierte. Die Kassette wurde durch die CD auch als Datenträger abgelöst und verschwand bald vom Markt.

BMW Z3

- ein Roadster für James

James Bond, über Jahrzehnte Stammkunde bei Aston Martin, wechselte 1995 die Marke und entschied sich für einen kleinen Roadster aus Bayern – das heißt nicht direkt aus Bayern. Der Z3 wurde zwar in München entwickelt, doch gebaut wurde der Zweisitzer in einem neuen Werk in den USA. Damit war der Z3 das erste BMW-Modell, das jenseits der bayrischen Grenzen hergestellt wurde.
Angeblich wurden die in Spartanburg in South Carolina produzierten Z3 im Regensburger Werk auf Qualität untersucht.
Doch zurück zu James Bond. Mit der Premiere von »Golden Eye« am 5. Dezember 1995 feierte der Z3 seinen ersten Auftritt in Deutschland. Der Z3 war der erste BMW, den der Geheimagent im Dienst Ihrer Majestät mit der magischen Nummer 007 für seine mobilen Bedürfnisse nutzte. Später hatten die bayrischen Produkte noch weitere Auftritte in den James-Bond-Streifen (so etwa 1997 mit dem 750 iL in »Der Morgen stirbt nie«).
In »Golden Eye« waren zwei handgefertigte Z3 im Einsatz, die allerdings nicht für Stunts eingesetzt werden durften. Ein Z3 aus dem Agentenfilm steht heute im BMW-Werk in Spartanburg.

Beim Marktstart standen nur zwei Motorvarianten bei den Händlern. Die 1,8 und 1,9 Liter großen Vierzylinderantriebe leisteten zwischen 115 PS oder 140 PS. Es fehlte also ein Sechszylinder, der zwei Jahre später nachgereicht wurde. Der Z3 2,8 leistete 192 PS und wegen der zusätzlichen Leistung wurde der Roadster überarbeitet. Die Kühlöffnungen wurden vergrößert, die Kotflügel verbreitert. Um in Deutschland zugelassen zu werden, mussten die Scheinwerfer neu justiert werden. Der neue offene Zweisitzer aus München stand damals für 43.700 Mark bei den Händlern.

Der Z3 war der erste BMW, der außerhalb Bayerns produziert wurde.

Der Innenraum war sportlich-luxuriös gestaltet.

Der Z3 war der Dienstwagen von Pierce Brosnan als James Bond, bevor das Modell in Deutschland vorgestellt wurde.

Die ersten Versionen des Z3 wurden noch von Vierzylindern angetrieben.

Pierce Brosnan alias James Bond war mit dem Z3 offensichtlich zufrieden.

Der Z3 erwies sich schnell nach seiner Vorstellung als Hingucker.

Kurz und knackig. Das Design des Z3 war in allen Bereichen stimmig.

LOTUS ELISE

- eine leichte Legende

Im Herbst 1995 stand auf dem Stand der britischen Sportwagenschmiede ein Fahrzeug, an dem vieles ungewöhnlich war.
Den Namen hatte die Enkeltochter des damaligen Eigentümers der Marke beigesteuert, doch noch ausgefallener war das technische Konzept, das die Entwickler verwirklicht hatten. Vor allem beim Fahrwerk beschritten die Ingenieure neue Wege und fanden eine Lösung, die aus einer Aluminiumlegierung bestand und nur 65 Kilogramm auf die Waage brachte. Die Mannschaft um Richard Rackham folgte dabei dem Firmengründer Colin Chapman, der fast schon fanatisch den Leichtbau verfolgt hatte. »First take simplicity, then add lightness, auf Deutsch »mach es zuerst einfach und füge dann Leichtigkeit hinzu«. Die Karosserie bestand aus glasfaserverstärktem Kunststoff. Neben dem Roadster hatte Lotus mit dem Exige eine Variante für den Rennsport.
Das Ergebnis war ein gerade 725 Kilogramm leichter Sportwagen mit geringen Abmessungen (Länge 3,79 Meter) und einem kleinen Mittelmotor, der hervorragende Fahrleistungen erreichte und das Budget seiner Käufer überschaubar belastete. Allerdings war Komfort bei der Entwicklung kein Thema. Der Fahrspaß glich dieses Defizit aber überzeugend aus. Die Elise war ein knochenharter britischer Sportler. Um Kosten zu sparen, bediente sich Lotus in den Teileregalen verschiedener Hersteller. Opel lieferte unter anderem die inneren Türgriffe und Fensterkurbeln, von Peugeot kam die Heizungsregulierung.
Der Antrieb stammte von der MG Rover Group. Der 1,8-Liter-Vierzylinder leistete 122 PS (90

kW). Das klingt nach einer überschaubaren Leistung, doch dank der Leichtbauweise beschleunigte die Elise in 5,9 Sekunden auf 100 km/h und erreichte bei 202 km/h ihre Höchstgeschwindigkeit.
Die Kundschaft war begeistert und orderte die Elise in für Lotus unbekannten Mengen, sodass die Lieferzeiten auf bis zu ein Jahr wuchsen.

Die Elise war Fahrspaß pur – hart, aber ehrlich.

Die Kunden waren so begeistert, dass die Lieferfristen auf ein Jahr wuchsen.

Das Verdeck war ein einfacher Schutz gegen die Witterung.

Die Elise trug den Namen der Enkeltochter des damaligen Lotus-Eigentümers.

Mit der Elise gelang Lotus ein klassischer, britischer Roadster.

1996
Fiat Bravo

Auto des JAHRES 1996

Als Zweitürer trug Fiats Golf-Interpretation den Namen Bravo, der um 17 Zentimeter längere Fünftürer kam als Brava (oben) auf den Markt.

Die beiden Modelle kamen mit einem aufgeräumten Cockpit zu den Kunden.

Zwei Versionen, ein Titel. Das Duo war die am schnellsten entwickelte Fiat-Baureihe.

Ein Auto, zwei Namen, und am Ende wird die Doppellösung auch noch zum europäischen Auto des Jahres gewählt. Besser kann es nicht laufen.

Nach dem Punto konnten die Fiat-Verantwortlichen wieder den Spumante aus dem Kühlschrank holen und feiern. Die Kombination Bravo/Brava kam 1995 als Nachfolger des Tipo auf den Markt, dabei war der Brava als fünftürige Version 17 Zentimeter länger als der dreitürige Bravo. Für die Freunde des klassischen Stufenhecks kam 1996 der Fiat Marea auf den Markt, der auch als Kombi angeboten wurde. Die Fiat-Verantwortlichen hatten das Duo Bravo/Brava mit großen Hoffnungen auf den Markt gebracht. Der Absatz des Tipo war nach einem wenig erfolgreichen Crashtest eingebrochen, daher wurde die Entwicklung des Doppelmodells deutlich beschleunigt. Tatsächlich war Bravo/Brava das am schnellsten entwickelte Fiat-Modell. Zwischen den ersten Entwicklungsarbeiten und dem Serienstart vergingen gerade zwei Jahre.

Um den Absatz zu verbessern, wurden die beiden Formel-1-Piloten Michael Schumacher und Rubens Barrichello engagiert, nachdem ein Crashtest nicht die gewünschten Ergebnisse brachte. Die Antriebspalette reichte bei den Benzinern von 1,2- bis 1,6 Litern, als Diesel kam ein 1,9-Liter-Aggregat zum Einsatz.

Für jeden Geschmack die passende Lackierung. Fiat setzte auf eine vollständige Farbpalette.

Der Innenraum war großzügig gestaltet.

ŠKODA OCTAVIA

- alter Name, neuer Erfolg

Im Jahr 1991 begann für den traditionsreichen tschechischen Hersteller Škoda eine neue Zeitrechnung. Volkswagen hatte sich gegen Renault durchgesetzt und die Marke übernommen. Zunächst stand allein der Felicia im Programm, der den von Bertone gezeichneten Favorit abgelöst hatte.
1992 begannen im Stammsitz Mladá Boleslaw die Entwicklungsarbeiten für ein neues Modell in der unteren Mittelklasse. Die Verantwortlichen wählten einen etablierten Namen: Die Octavia stand bereits zwischen 1959 und 1971 im Programm und wurde von den Heckmotor-Modellen abgelöst. Nachdem das erste Design von Giorgio Giorgetto vom Staatspräsidenten Claus als »zu italienisch« abgelehnt worden war – eine für den Stardesigner gewiss neue Erfahrung – übernahm der Belgier Dirk van Braeckel die Aufgabe, eine Karosserie für die Octavia zu entwickeln.
Die Plattform stammte vom Golf IV und der neue Škoda war das erste Modell, das die neue Fahrzeugarchitektur nutzte. Bei der Entwicklung standen die aktive und passive Sicherheit im Vordergrund. Neben den beiden Frontairbags, die bereits in der Felicia serienmäßig waren, kamen nun noch Seitenairbags hinzu. Außerdem wurde die Octavia von Beginn an mit einem Antiblockiersystem ausgeliefert und die Karosserie erreichte ein herausragendes Deformationsverhalten. Warum die Octavia nicht als europäisches Auto des Jahres ausgezeichnet wurde, bleibt ein Rätsel. Die Fachpresse lobte damals auch die weit nach oben schwingende Heckklappe, hinter der ausreichend Platz für das Feriengepäck (528 bis 1328 Liter) war.
Am 3. September begann die Serienproduktion auf einer vollkommen neuen Produktionslinie, zu der auch eine Lackiererei gehörte. Die

Golf-Klasse à la Tschechien. Für den Octavia nutzten die Entwickler in Mlada Boleslaw die Golf-Plattform.

In einer Welt der Schrägheckmodelle setzte sich der Octavia mit seinem Stufenheck-Design durch.

Das Design des Octavia schuf der Belgier Dirk van Braeckel nachdem der Vorschlag von Giugiaro abgelehnt worden war..

Im Jahr 2000 erfolgte eine erste, behutsame optische Überarbeitung.

Kapazität in Mladá Boleslaw wuchs dadurch um 90.000 Einheiten auf 350.000 Fahrzeuge, sodass Škoda zum größten Industrieunternehmen der jungen Tschechischen Republik aufstieg. Beim Marktstart standen zwei Benziner – 1,6 Liter mit 75 PS (55 kW) und 1,8 Liter mit 125 PS (92 kW) sowie ein Diesel (TDI mit 1,9 Liter und 90 PS/66 kW) – bei den Händlern. Das Angebot wurde in den folgenden Jahren kontinuierlich ausgebaut. Mit der Octavia begann der Aufstieg des tschechischen Volkswagen-Ablegers zu einer der erfolgreichsten Konzernmarken.

Der Octavia war auf Anhieb ein Erfolg und beförderte Škoda zum größten Industrieunternehmen der tschechischen Republik.

Die Kombiversion des Octavia entwickelte sich schnell zu einem Bestseller des tschechischen Volkswagen-Ablegers.

MERCEDES SLK

- Super, der Kurze

Für die Premiere des neuen SLK wählte Mercedes-Benz im März 1996 eine ausgefallene Bühne. Der Roadster wurde nicht etwa auf dem Genfer Automobilsalon der Öffentlichkeit gezeigt, sondern auf dem Turiner Autosalon. Auf der anderen Seite war die Wahl irgendwie logisch, denn 1994 hatten die Stuttgarter bereits eine seriennahe Studie des kommenden Modells in Turin gezeigt. Ein weiterer Auftritt folgte auf der Messe in Paris. Die drei Buchstaben standen für »sportlich«, »leicht und »kurz«.
Die Mercedes-Entwickler hatten sich für den kurzen SL eine ausgefallene Dachlösung einfallen lassen. Statt wie bis dahin üblich ein Stoffdach zu entwickeln, hatten sie mit dem sogenannten Variodach ein Stahldach ausgetüftelt, das vollständig im Kofferraum verschwand. Allerdings war der verbliebene Raum für das Gepäck stark eingeschränkt.
Zum Marktstart wurde der SLK mit zwei Motorisierungen angeboten. Er wurde von einem Zweiliter-Vierzylinder angetrieben, der 136 PS (100 kW) leistete und bereits in der C- und E-Klasse für Vortrieb sorgte. 193 PS (142 kW) leistete der im SLK 230 Kompressor montierte 2,3-Liter-Vierzylinder, der zusätzliches Drehmoment brachte und den SLK auf 230 km/h beschleunigte und zwischen Null und 100 km/h nur 7,7 Sekunden benötigte. Der Zweiliter war maximal 208 km/h schnell, zwischen Null und 100 km/h vergingen 9,7 Sekunden.
Das Stahl-Variodach ließ sich mittels einer ausgefeilten Elektro-Hydraulik auf Knopfdruck im Kofferraum versenken und das Coupé verwandelte sich innerhalb kurzer Zeit in einen Roadster. Beim Öffnen – immer ein Hingucker – schwang das zweigeteilte Dach zunächst nach oben, gleichzeitig verschwand die Hutablage unter dem Kofferraumdeckel, der sich öffnete, und das Dach verschwand im Gepäckabteil. Zum Abschluss nahm die Hutablage wieder ihren angestammten Platz ein. Der Vorgang dauerte überschaubare 25 Sekunden. Zur Abteilung Sicherheit gehörten neben Überrollbügel auch zwei Airbags für Fahrer und Passagier sowie Gurtstraffer und Gurtkraftbegrenzer. In der, wie bei Mercedes üblich, üppigen Aufpreisliste konnten noch Sidebags geordert werden, die sich zwischen den Insassen und den Türen entfalteten.
Trotz des fehlenden Dachs erreichte die Karosserie eine sehr gute Steifigkeit auf dem Niveau einer Limousine. Für die Sicherheit des Nachwuchses sorgte eine neue elektronische Kindersitzerkennung, mit der die Aktivierung des Beifahrer-Airbags blockiert wurde.
Um Gewicht zu sparen – der SLK brachte lediglich 1270 Kilogramm auf die Waage – kam zum ersten Mal bei einem Modell der Marke Mag-

Der SLK war mit 1270 Kilogramm ein Leichtgewicht. Zum ersten Mal kam bei dem Zweisitzer Magnesium zum Einsatz.

nesium zum Einsatz, das gegenüber Stahl eine Gewichtseinsparung von 50 Prozent ermöglichte. Außerdem verzichteten die Entwickler zum ersten Mal auf ein konventionelles Reserverad und packten stattdessen das Reifendichtmittel Tirefit und eine Pumpe, die über den Zigarettenanzünder mit Energie versorgt wurde, in den Kofferraum. Gleichzeitig wurde an der Aerodynamik gefeilt, sodass der SLK einen Cw-Wert von 0,33 erreichte.
Serienmäßig kam der SLK unter anderem mit Servolenkung, Leichtmetallrädern, Sportsitzen, elektrischen Fensterhebern, Lederlenkrad, Windschott und Zentralverriegelung zu den Kunden. Beim Preis überraschten die Stuttgarter ihre Kunden wie auch die Mitbewerber. Die Basisversion stand für 27.047 Mark bei den Niederlassungen, was vor allem Peugeot auf dem falschen Fuß erwischte. Die Franzosen brachten wenig später den 206 mit versenkbarem Stahldach auf den Markt und mussten, nachdem Mercedes seinen Preis veröffentlicht hatte, ihre eigenen Vorstellungen deutlich reduzieren.

Die Farbe täuscht: Als Taxi wurde der SLK nicht eingesetzt. Wie auch bei einem Zweisitzer?

Der Innenraum war ab Werk komfortabel eingerichtet, die Brabus-Version (Bild) kam noch etwas nobler daher.

Offen zeigte sich der SLK von seiner besten Seite.

Den Mercedes-Roadster gab es in vielen Lackierungen.

Im Windkanal wurde der SLK aerodynamisch optimiert.

ROVER MG F

- der letzte Versuch

Morris Garage oder kurz MG hatte Ende 1980 die Produktion seiner Sportwagen eingestellt, nachdem die British Leyland Motor Corporation das Werk in Abingdon geschlossen hatte. Damit endete eine Epoche preiswerter Roadster, die weltweit zu den beliebtesten Vertretern ihrer Art gehörten.
Danach trugen nur noch einige sportlich angehauchte Kompaktmodelle und Limousinen von Rover das Markenzeichen, doch 1992 brachte Rover den RV8 auf den Markt, dessen Design an den legendären MGB erinnerte. Nachdem die Kundschaft begeistert zugriff, begannen die Rover-Verantwortlichen über eine Neuauflage eines klassischen MG-Roadsters nachzudenken.
Am Ende dieser Gedanken stand der MG F, der 1996 auf den deutschen Markt rollte. Um die Form und Technik festzulegen, veranstaltete das Unternehmen einen internen Wettbewerb, 1994 wurde das endgültige Design genehmigt und die Serienfertigung wurde vorbereitet. Beim Marktstart war zunächst allein ein 1,8-Liter-Vierzylinder mit Vierventiltechnik und 120 PS (88 kW) im Programm. Ziemlich schnell wurde die Leistung auf 145 PS (107 kW) aufgestockt.

Allerdings war die Produktion des MG F gefährdet, nachdem BMW die Rover-Group übernommen hatte. Die Bayern stoppten zunächst die Produktion, weil man in München fürchtete, dass der MG F dem BMW Z3 gefährlich werden konnte. Am Ende durfte der MG F in Europa an den Start gehen, während die MG-Freunde in den USA leer ausgingen.

Der MGF übersetzte die Roadster-Tradition der Marke in eine moderne Form.

Waren die klassischen MG-Roadster eher hart angestimmt, so besaß der MG F das sogenannte Hydrogas-Fahrwerk, das einen in diesem Segment nicht selbstverständlichen Komfort ermöglichte. Der MG F war aus dem Stand erfolgreich und eroberte sofort die Spitze der beliebtesten Sportwagen in Großbritannien.
Der deutsche TÜV hatte am britischen Roadster wenig auszusetzen. Zu den Stärken gehören danach »der günstige Preis, die standfesten Bremsen und die gute Rostvorsorge.«

Im Gegensatz zu seinen Vorgängern war der MGF komfortabel ausgelegt.

Juli 1996

Am 5. Juli erblickte in Schottland das Schaf Dolly das Licht der Welt und begeisterte die Wissenschaftler, denn Dolly war das erste geklonte Säugetier. Beim Klonen des Schafs wurden 277 Zellen von Spendertieren mit Zellkeren aus den Euterzellen des Spendertiers geimpft. Von den so geschaffenen 29 Embryonen überlebte allein Dolly. Erzeuger des geklonten Schafs war der Wissenschaftler Keith Campbell. Allerdings hatte sich zunächst Ian Wilmut in wissenschaftlichen Veröffentlichungen als geistiger Vater des Schafs in den Vordergrund gespielt und für seine vermeintliche Leistung mehrere Preise erhalten. Als Namensgeber hatten die Wissenschaftler, ohne sie zu fragen, Dolly Parton wegen deren üppiger Oberweite gewählt.

FORD KA - die Knutschkugel

Ford hatte im Laufe der Jahrzehnte immer wieder Modelle, deren Design aus dem üblichen Allerlei der automobilen Formensprache hervorstach. Der 17 M (»Badewanne«) in den 1960er-Jahren und später der Sierra waren Modelle, die zeigten, dass bei der Marke mutige und kreative Designer arbeiteten.
Der Ka, der 1996 auf den Markt rollte, setzte diese Tradition fort. Mit dem Kleinstwagen schuf Ford nicht nur ein neues Segment, sondern auch gleich eine neue Designsprache, die, entwickelt vom damaligen Chefdesigner Lobo in Köln, »New Edge Design« getauft und von der eher traditionell eingestellten Ford-Kundschaft durchaus kontrovers diskutiert wurde. Während die meisten Zeitgenossen von den zahlreichen Rundungen, Schwüngen und Kanten begeistert sind, finden Kritiker weniger nette Worte für die »Knutschkugel«.

Ford ist 1996 der erste deutsche Hersteller, der sich in das Segment der Kleinstwagen wagt und das mit einem ausgefallenen Design. Mit einer Länge von gerade 3,62 Metern rangiert der Ka unterhalb des Fiesta, der damals seine Klasse fest im Griff hält. Wobei die Ka-Kunden nicht auf die Wohltaten verzichten müssen, die in größeren Modellen zum Standard gehören. Im Innenraum warten vollwertige Sitze und die damals üblichen Sicherheitselemente auf die Insassen und der für die Außenlänge großzügig bemessene Radstand (2,45 Meter) ermöglicht einen angenehm dimensionierten Innenraum. Bereits die Basisvariante hat neigungsverstellbare Sitze, eine geteilt umlegbare Rücksitzlehne sowie ein Stereo-Kassettengerät, getönte Scheiben und eine elektrische Wegfahrsperre an Bord. In der 60 PS starken Variante gibt es sogar eine Servolenkung.

Mit seinem ausgefallenen Design überraschte der Ka die Ford-Kundschaft

Die vom Designer Colani entwickelten Anbauteile machten den Ka nicht attraktiver.

Der Zweitürer brachte Dynamik in die Kleinwagen-Klasse.

Mit einem Faltdach entstand fast ein Cabriofeeling.

Auch beim Thema Sicherheit müssen die Ka-Freunde keinen Verzicht üben. Der kleine Ford erfüllt die Anforderungen des von 1998 an normierten Crashtests und ein Fahrer-Airbag ist serienmäßig. Der Luftsack für den Beifahrer kostet extra.

Der Marktstart am 7. November 1996 wird dann auch noch durch den Gewinn des von der Sonntagszeitung »Bild am Sonntag« veranstalteten Wettbewerbs um das »Goldene Lenkrad« vergoldet. Nach Fiesta, Escort und Scorpio ist der »Kurze« das vierte Ford-Modell mit dieser Auszeichnung. Der Ka kann sieben Einzelwertungen für sich entscheiden.

Zum Marktstart kommt der kleinste Ford mit zwei Varianten des bekannten 1,3-Liter-Vierzylinders auf den Markt, die 50 PS (37 kW) oder 60 PS (44 kW) leisten und den Cityflitzer auf maximal 147 oder 155 km/h beschleunigen. Produziert wird der Ka im spanischen Ford-Werk in Valencia. Auf Anhieb setzt sich der Ka an die Spitze seiner Klasse in Deutschland, »Auto Motor und Sport« lobt in einem ersten Testbericht das neue Design: »Das New Edge Design ist eine Mischung aus geraden und schwungvollen Linien, die eine Aufmerksamkeit erzielen, die in der Vergangenheit nur wenigen Neuerscheinungen zuteilwurde.« Eine Fahrt durch die Stadt, so der offensichtlich begeisterte Tester »gleicht einem Gang über den Laufsteg.« Auch die praktischen Eigenschaften wurden gelobt. Der Laderaum reicht für zwei Wasserkisten, die Kopffreiheit wurde als »erstaunlich großzügig« benotet und auch die »Federung arbeitet für ein Auto dieser Größenordnung bemerkenswert wirksam.«

PORSCHE BOXTER - der Retter

Der Boxster im Kreis seiner Schöpfer. Der Roadster brachte Porsche wieder auf die Erfolgsspur.

Die Lage ist ernst, als sich im Februar 1992 der Porsche-Aufsichtsrat traf, um die wirtschaftliche Situation der Stuttgarter Sportwagenschmiede zu beurteilen. Der Absatz ist von rund 40.000 Automobilen pro Jahr auf gerade 20.000 bis 25.000 zurückgegangen, und deshalb muss ein neues Modell entwickelt werden, um diese Entwicklung zu stoppen. Auch der Dollarkurs erschwert die Geschäfte auf dem wichtigen US-amerikanischen Markt. Die drei in Zuffenhausen gebauten Modelle 911, 968 und 928 erreichen nur noch geringe Stückzahlen und sind nur kostenintensiv zu produzieren, weil sie kaum Gleichteile verwenden. Porsche läuft damals Gefahr, zu einem Übernahmekandidat zu werden. Das muss vermieden werden, darin sich alle im Aufsichtsrat einig. Am Ende beschließt das Gremium, zwei neue Fahrzeuge auf den Markt zu rollen. Neben der Produktion eines neuen 911 soll ein vollkommen neues Fahrzeug die Wende bringen. Das wird der Boxster, der vier Jahre später sein Debüt gibt.

Der fast schon traditionelle Streit zwischen den Eigentümerfamilien Porsche und Piëch macht die Situation nicht einfacher. Das neue Modell soll das Unternehmen nicht nur in wirtschaftlich gesündere Zeiten führen, sondern als Sportwagen unterhalb des 911 auch eine jüngere Kundschaft ansprechen. Mit dem Mittelmotor Roadster rollt die Marke in ein neues Marktsegment. Diese Motoranordnung ist für Porsche nichts Neues, schließlich waren bereits der 914 und mehrere Rennsportmodelle mit dieser Technik unterwegs, und auch der erste Porsche 356 »Nr. 1« wurde mit einem Mittelmotor entwickelt.

Die Idee hinter dem Boxster war, so der damalige Vorstand für Forschung und Entwicklung Horst Marchart, »aus dem Fahrzeugkonzept und den Bauteilen eines neuen 911 eine weitere Modellreihe zu schaffen«. Damals hatte Porsche bereits begonnen, einen Viersitzer zu entwickeln, doch dieser Plan wurde wieder aufgegeben. »Von dem damals in der Entwicklung befindlichen Viersitzer Typ 989 versprachen wir uns keine Rettung in der wirtschaftlich schwierigen Situation, da die zu erwartenden Absatzzahlen zu gering für die Firma und den Handel sein würden und das Fahrzeug als eigenständige Modellreihe keinerlei Gleichteile mit der 911-Modellreihe ermöglichen würde«, blickte Marchart später zurück.

Das Design des neuen Modells wurde vom Hausdesigner Harm Lagaay entwickelt und lehnte sich in der Frontpartie eng an die Form des 911 an, um die Verbindung zwischen den beiden Fahrzeugen deutlich zu machen. Um dieses Ziel zu erreichen, teilt sich der Boxster der ersten Generation viele Teile mit dem ein Jahr später vorgestellten neuen 911. Dazu gehören der Vorderwagen, die Scheinwerfer, die Türen und weitere Bauteile. Die Produktionskosten in Zuffenhausen sollten damals um 30 Prozent gesenkt werden, deshalb wurden in der Entwicklung und im Einkauf Preisziele für die Bauteile festgelegt. Am Ende lag der Basispreis für den Zweisitzer, der sich als Rettungsring für die angeschlagene Marke erweisen sollte, bei 76.500 Mark.

Den ersten Auftritt hatte das neue Modell 1993 als Studie auf der North American Autoshow in Detroit. Auffallend waren die von einigen Zeitgenossen abfällig als »Spiegeleier« bezeichneten Scheinwerfer, die, das wusste damals noch niemand, auch vom 911 übernommen wurden. Das Verdeck mit einem Kunststofffenster ließ sich dank elektrischer Servounterstützung in nur zwölf Sekunden öffnen und schließen. Das Serienmodell stand 1996 bei den Händlern und wurde von einem wassergekühlten 2,5-Liter-Sechszylinder mit 204 PS (150 kW) angetrieben. Auf Grund der hohen Nachfrage wurde ein Jahr später ein Teil der Produktion an das finnische Unternehmen Valmet ausgelagert.

Das Boxster-Design stammte vom Haus-Kreativen Harm Lagaay.

Die Frontpartie stammte vom später vorgestellten 911.

Auch geschlossen war der Boxster attraktiv.

Der Boxster war ein klassischer Zweisitzer.

Die Informationszentrale war typisch Porsche mit dem Drehzahlmesser im Zentrum.

JAGUAR XK8

– E-Type, die Zweite

Die beiden Buchstaben »X« und »K« stehen bei Jaguar für ausgesprochen leistungsstarke Sportmodelle. Seit den ersten Nachkriegsjahren gehört diese Kombination zur Tradition des britischen Herstellers, der 1996 bereits zu Ford gehörte und später Teil der Premier Automotive Group wurde. 1996 brachte Jaguar den XK8 auf den Markt, der eigentlich als Nachfolger des XJS gedacht war, tatsächlich aber mit seinem Auftritt die Tradition des legendären E-Types fortsetzte. Daher stand bei der Deutschland-Premiere auch ein E-Type neben dem neuen Modell und die Verantwortlichen mussten erleben, dass sich die versammelten Journalisten vor allem für den Oldtimer interessierten.

Im März 1996 stand das Serienmodell auf dem Genfer Automobilsalon ohne Begleitung des E-Type und zog die Blicke des Publikums auf sich. Der Sportwagen kam von Beginn an als Coupé und Cabriolet auf den Markt.

Bei den Antrieben hatten die Kunden die Wahl zwischen einem konventionell beatmeten Achtzylinder oder dem XKR mit einem Kompressormotor. Als Unterscheidung besaß das Kompressor-Modell einen Kühlergrill in Gitteroptik sowie Kühlschlitze auf der Motorhaube. Als Antrieb teilten sich die beiden Versionen einen V8-Motor mit vier Litern Hubraum und 32 Ventilen, der in der »zivilen« Ausführung 284 PS (209 kW) leistete. Der Kompressor im zwei Jahre später angebotenen XKR kam auf 363 PS (267 kW). Die Höchstgeschwindigkeit wurde bei beiden Modellen bei 250 km/h abgeregelt. Zwischen Null und 100 km/h vergingen 6,7 beziehungsweise 5,4 Sekunden. Die Motorleistung wurde von einer Fünfgangautomatik an die Hinterräder übertragen.

Sechs Jahre nach der ersten Vorstellung wuchs der Hubraum auf 4,2 Liter und die Leistungsdaten 298 PS (219 kW) beim XK und 395 PS (290 kW) beim XKR. Gleichzeitig wurde die Fünfgangautomatik gegen einen besonders standfesten Sechsgangautomat ausgetauscht. Diese Version gilt als besonders zuverlässig.

Der XK8 erinnerte stark an den legendären E-Type

Der XKR hatte 2002 einen Auftritt im James-Bond-Film »Stirb an einem anderen Tag«.

Vor allem das Coupé konnte die Verwandtschaft mit dem E Type nicht verstecken.

Die Fahrt im offenen XK war ein besonderes Fahrvergnügen.

Der XK erreichte eine Höchstgeschwindigkeit von 250 km/h.

1997
Renault Scénic

Vor allem bei Familien war der Scénic beliebt.

Auto des JAHRES 1997

Der Scénic brachte den Minivan in die Golfklasse.

In den 1990er-Jahren waren Minivans als Familientransporter besonders beliebt, im Laufe der Zeit kamen sie in vielen Segmenten auf den Markt.
Der Scénic nutzte als Basis Renaults Kompaktmodell Mégane und schmückte 1991 erstmals als Studie den Renault-Stand auf der IAA in Frankfurt. Die Serienversion stand im März 1996 auf dem Genfer Automobilsalon. Die Entwickler hatten das neue Modell von innen nach außen konstruiert und dabei eine Variabilität erreicht, wie man sie bis dahin nicht kannte. Der Scénic war der erste Vertreter der Vans in der Kompaktklasse, fand während seiner Bauzeit zahlreiche Nachahmer und kam bald nach seiner Präsentation auch als Allrad-Version zu den Kunden. Im Fond befanden sich drei Einzelsitze, die je nach Ausstattung um bis zu 17 Zentimeter verstellt werden konnten. Die Rückenlehne des mittleren Sitzes ließ sich zudem nach vorne klappen, sodass ein

Der Scénic war ungewollt das Vorbild für viele Konkurrenz-Modelle.

Im Heck war Platz für die wichtigsten Strandutensilien.

Kompakt, aber tauglich für den Familienurlaub – und für jeden kleineren Ausflug sowieso.

Tisch entstand. Das Interieurdesign stammte von Louis Morasse. »Beim Scénic genossen die Passagiere absolute Priorität. Anders als in normalen Autos war es im Scénic keine Strafe, hinten zu sitzen«, meinte dieser. Das Team um Morasse hatte zudem zahlreiche Ablagen geschaffen und an den Rücklehnen der Vordersitze befanden sich kleine Klapptische. Renault hatte mit dem Scénic offensichtlich eine Marktlücke entdeckt, sodass die Produktionskapazitäten alle sechs Monate ständig der steigenden Nachfrage angepasst werden mussten.

Als Antriebe kamen zum Marktstart Otto-Motoren mit 1,4 bis zwei Liter und 55 bis 102 kW zum Einsatz. Die Dieselfraktion wurde mit einem 1,9-Liter-Motor bedacht, der zwischen 47 und 75 kW leistete.

Der Renault Scénic revolutionierte Mitte der 1990er-Jahre das Familienauto: flexibel, geräumig und erstmals in der Kompaktklasse. Das Interieur wurde von innen nach außen gedacht – mit Fokus auf Passagierkomfort und Alltagstauglichkeit.

Innovative Details wie verschiebbare Rücksitze, ein umklappbarer Mittelsitz als Tisch und zahlreiche Ablagen machten den Renault Scénic zur echten Alternative im Familienalltag – ein Erfolgsmodell, das die Produktionszahlen schnell steigen ließ.

Mit dem 1996 eingeführten Scénic brachte Renault den ersten Kompaktvan auf den Markt – basierend auf dem Mégane und mit innovativer Innenraumgestaltung. Drei Einzelsitze im Fond, Klapptische und viel Stauraum machten ihn zum Familienliebling.

Mai 1997

Aus Japan kam 1997 ein weitegehend sinnfreies Spielzeug auf den Markt. Das Tamagotchi war ein virtuelles Haustier, um das man sich vom Zeitpunkt des Schlüpfens an rund um die Uhr kümmern musste. Dabei bestanden die Bedürfnisse des Tamagotchi aus Schlafen, Essen, Trinken und Zuneigung von seinem Besitzer. Wurde das digitale Haustier vernachlässigt, verstarb es. Allerdings konnte man das Tamagotchi mittels einer Reset-Karte wieder ins Leben zurückholen, und das Spiel begann aufs Neue. Dem ersten Hype folgte bald die Erkenntnis, wie sinnlos das Ganze war, und das virtuelle Haustier lebte nur eine kurze Zeit in den Kinderzimmern.

SMART

– ein Zwerg für die Stadt

Nicolas Hayek war ein selbstbewusster Zeitgenosse, der sich, nachdem er die Schweizer Uhrenindustrie durch die Erfindung der Swatch-Uhr gerettet hatte, in den Kopf setzte, nach einem ähnlichen Konzept ein pfiffiges und vor allem preiswertes Kleinstauto zu entwickeln. Seine Idee war nicht neu, denn schon in den 1980er-Jahren gab es Versuche, ein entsprechendes Modell auf den Markt zu bringen. Bei Daimler-Benz entstand damals ein Stadtwagen mit einem Antrieb von Daihatsu, auch an einigen Universitäten wurden entsprechende Modelle erdacht. Gemeinsam waren allen Konzepten geringe Abmessungen und ein vorne quer eingebauter Motor.
Hayek versuchte sein Glück zunächst bei Volkswagen. Sein Konzept eines Swatch-Mobils sah unter anderem wie bei den Uhren eine auswechselbare Karosserie und eine Kooperation mit Bahnunternehmen vor, um den Wagen auf größeren Strecken zu transportieren. Volkswagen zog sich bald aus dem Vorhaben zurück, doch Mercedes-Benz wagte sich an die Zusammenarbeit mit dem exzentrischen Manager. 1994 entstand das Gemeinschaftsunternehmen Smart mit Sitz im Schweizerischen Biel, doch nachdem die Entwicklung des ersten Modells »Fortwo« fortgeschritten war, stieg Hayek wieder aus. Zum einen waren ihm die Entwicklungskosten zu hoch geworden, zum anderen setzte Mercedes-Benz beim Antrieb des »City Coupés« auf einen Verbrenner. Hayek hatte einen Elektro- oder Hybridmotor für sein Projekt vorgesehen.

Der Smart sollte eine neue Mobilitäts-Epoche einläuten.

Der Fortwo sollte vor allem eine junge Kundschaft ansprechen.

1997 stand das erste Serienmodell des Smart auf der IAA in Frankfurt. Wenig später folgte die Eröffnung der eigens für dieses Modell gebauten Fabrik im lothringischen Hambach. Der offensichtlich zutiefst gekränkte Hayek nutzte damals die Gelegenheit, während der offiziellen Pressevorstellung durch den Mercedes-Vorstand in einem Gang neben dem Veranstaltungssaal seine Meinung lautstark zu vertreten. Später eröffnete der damalige Bundeskanzler Helmut Kohl die Fabrik und die versammelte Journalistenschar wartete gespannt darauf, ob und vor allem wie der Kanzler in einen Smart ein- und wieder aussteigen würde. Er tat es nicht.

Als Antrieb hatten die Stuttgarter Entwickler dem Stadtwagen einen 45 PS (33 kW) starken Dreizylinder-Turbomotor spendiert (599 ccm), der den Zweisitzer auf maximal 130 km/h beschleunigte. Später folgten noch ein Viersitzer, ein Cabrio und ein Roadster.

Die Informationszentrale hatten die Kreativen bewusst poppig gestaltet.

Auch eine Ausflugsidee: Smart-Cabrio vor der heimatlichen Kulisse der Staatsgalerie Stuttgart.

Auch als Follow-Me-Car auf Flughäfen wurde der Smart eingesetzt. Dahinter: Eine Boeing 737-300 der Fluggesellschaft Deutsche BA.

Kompakt, wendig, kultig: Der Smart Fortwo kam 1997 mit 45 PS auf die Straße – hier als Coupé und Cabrio. Die Idee stammt von Swatch-Erfinder Nicolas Hayek, umgesetzt wurde sie von Mercedes-Benz.

MERCEDES-BENZ A-KLASSE

- und dann kam der Elch

Bereits Ende der 1980er-Jahre machten sich die Manager »beim Daimler« in Stuttgart Gedanken über den Eintritt in ein neues Segment unterhalb der Mittelklasse. Ein erster Versuch war ein sogenanntes Nahverkehrsfahrzeug, intern auch »Vesperlewägele« genannt. 1993 nahm die Entwicklung an Fahrt auf und auf der IAA überraschte das Unternehmen mit der Enthüllung der Studie A, die im Rückblick sehr nahe an dem späteren Serienmodell war. Damals wusste niemand, dass die Serienentwicklung bereits ein Jahr zuvor beschlossen worden war und neben dem Modell mit Verbrennungsmotor auch eine Elektro-Variante entwickelt wurde, die man allerdings 1997 verwarf. Die Messebesucher in Frankfurt waren von dem für Mercedes neuartigen Konzept eines Kompaktmodells mit Frontantrieb begeistert, sodass die Erprobung der ersten Prototypen beginnen konnte.

Im März 1997 schließlich stand die Serienversion der nun offiziell A-Klasse genannten neuen Baureihe auf dem Genfer Automobilsalon. Als Antrieb standen Ottomotoren mit 1,4 oder 1,6 Liter zur Auswahl. Die A-Klasse war das erste Mercedes-Modell mit Frontantrieb und um die Kundschaft mit dem neuen Modell vertraut zu machen, ging die A-Klasse auf Tour durch Europa. Während der sogenannten A-Motion Tour sahen sich geschätzt eine halbe Million Menschen den kleinsten Mercedes aller Zeiten an. Für den damaligen Markenvorstand Jürgen Hubbert war der Vorstoß in das neue Segment auch eine Art Zukunftssicherung: »Hätten wir uns mit den kleinen Stückzahlen der S-Klasse zufriedengegeben, wären wir in die Rolls-Royce-Ecke geraten, ein existenzielles Problem für das ganze Unternehmen.«

Die A-Klasse sollte, so sah es das Marketing vor, junge Menschen an Mercedes heranführen, doch tatsächlich entwickelte sich die Modellreihe im Laufe der Jahre zu einem vor allem bei der älteren Kundschaft beliebten Fahrzeug.

Am 18. Oktober 1997 wurde die neue A-Klasse auf den Markt gerollt. Schon wenig später fand in Schweden der Test einer Fachzeitschrift statt. Und das sollte Folgen haben: Beim sogenannten Elchtest, einem abrupten Ausweichmanöver bei rund 65 km/h, kippte die A-Klasse auf die Seite. Nachdem die üblichen Beschwichtigungen durch die PR- und

Die A-Klasse markierte den Start von Mercedes in die Kompaktklasse.

Presseabteilung nichts nutzten, entschloss sich Mercedes zu einem drastischen Schritt. Die Produktion wurde gestoppt und die A-Klasse erhielt das damals vor allem in höheren Segmenten angebotene elektronischen Stabilitätsprogramm ESP in allen Versionen. Die Mitbewerber waren wenig erfreut, denn nun mussten sie nachziehen.
Im Frühjahr 1998 versammelte Mercedes die Fachpresse in Montpellier auf einem Testgelände und ließ die Journalisten alle nur erdenklichen Ausweichmanöver fahren, um zu zeigen, dass die A-Klasse elchsicher geworden war. Als Andenken an diese denkwürdige Veranstaltung gab es damals einen Plüsch-Elch.

Nach der Überarbeitung war die A-Klasse auch beim Slalom stabil.

Mit der A-Klasse wollte Mercedes eine junge Kundschaft an die Marke binden.

Der Tachometer war leicht ablesbar gestaltet.

Juli 1997

Am 27. Juli stand ein deutscher Radprofi in Paris, gekleidet in einem gelben Trikot, auf der höchsten Stufe des Siegerpodests der Tour de France. Als erster Deutscher hatte er das wichtigste Etappenrennen im Radsport gewonnen und verwandelte Deutschland kurzzeitig in ein Volk der Radfahrer. Bis zu seinem Erfolg war Jan Ullrich lediglich Spezialisten bekannt. Der junge Mann hatte zwar schon die Amateur-Weltmeisterschaft gewonnen (bei den Profis siegte damals ein gewisser Lance Armstrong), doch seinen Sieg beim größten Radrennen der Welt hatte damals selbst sein Team nicht geplant. Chef der Mannschaft war der Däne Bjarne Riis, der jedoch in den Bergen schwächelte. So hatte der als Helfer für seinen Kapitän gestartete Ullrich freie Fahrt ins begehrte gelbe Trikot. Dass der Radsport damals in einem tiefen Doping-Sumpf unterwegs war, wollte niemand wahrhaben, zu schön war der Erfolg von »unserem Ulle«.

SEAT AROSA

- Sparmeister aus Spanien

Im Jahr 1950 wurde die Sociedad Española de Automóviles de Turismo (auf Deutsch Spanische Gesellschaft für Tourenwagen) gegründet, um die Automobilität der Spanier voranzutreiben. Haupteigentümer war der spanische Staat, als Juniorpartner ging der italienische Konzern Fiat mit an Bord. Produziert wurden Fiat-Modelle in Lizenz im Industriepark (Zona Franca) in Barcelona. Als erstes Modell verließ am 13. November ein Seat 1400, eine Ableitung des Fiat 1400, das staatliche Werk. Bis 1984 wurden in Barcelona ausschließlich Fiat- und Lancia-Modelle produziert.
Anfang der 1980er-Jahre beschloss die spanische Regierung die Privatisierung des Unternehmens und nachdem man sich nicht mit Fiat auf eine Übernahme einigen konnte und Toyota der Regierung nicht genehm war, kam Volkswagen zum Zug. Seit 1986 gehört Seat zum Volkswagen-Konzern.
1997 kam mit dem Seat Arosa ein Kleinstwagen auf den Markt, der im März auf dem Genfer Automobilsalon offiziell vorgestellt wurde. Der kleine Cityflitzer war ein in Seat-Design gekleideter Volkswagen Lupo, obwohl dieser erst ein Jahr später auf den Markt kam. Als Typennamen wählte Seat in der Volkswagen-Zeit traditionell spanische Städtenamen. Arosa steht für die Gemeinde Vilagarcía de Arousa in der Provinz Pontevedra. Als technische Basis nutzte der Arosa auch Elemente des Volkswagen Polo und Seat Ibiza. In der Tschechischen

Der Seat Arosa war eine spanische Interpretation des Volkswagen Lupo.

Republik plante Škoda damals eine Arosa-Lupo-Variante, die allerdings nie in Serie ging. Der spanische Arosa wurde zunächst in Niedersachsen im Volkswagen-Stammwerk hergestellt, bevor die Produktion im Mai 1998 nach Barcelona wechselte. Das Design stammte von Josef Kaban, der zuvor den Bugatti Veyron entworfen hatte.

Unter der kurzen Motorhaube arbeitete zunächst ein Einliter-Vierzylinder mit 50 PS (37 kW) oder wahlweise ein 1,4-Liter mit 60 PS (44 kW), der mit einem Automatikgetriebe gekoppelt war. Später folgten ein 1,7-Liter-Saugdiesel, ein 1,4-Liter-Turbodiesel und ein 16-Ventiler-Benzinmotor mit 101 PS (74 kW).

Die Instrumente zeigten die Verwandtschaft zu Volkswagen.

Der Arosa musste sich zu Werbezwecken auch eine künstlerische Gestaltung gefallen lassen.

Der Arosa zeigte bereits das Design des Lupo, der ein Jahr später auf den Markt kam.

LINCOLN NAVIGATOR

- Luxus für SUV

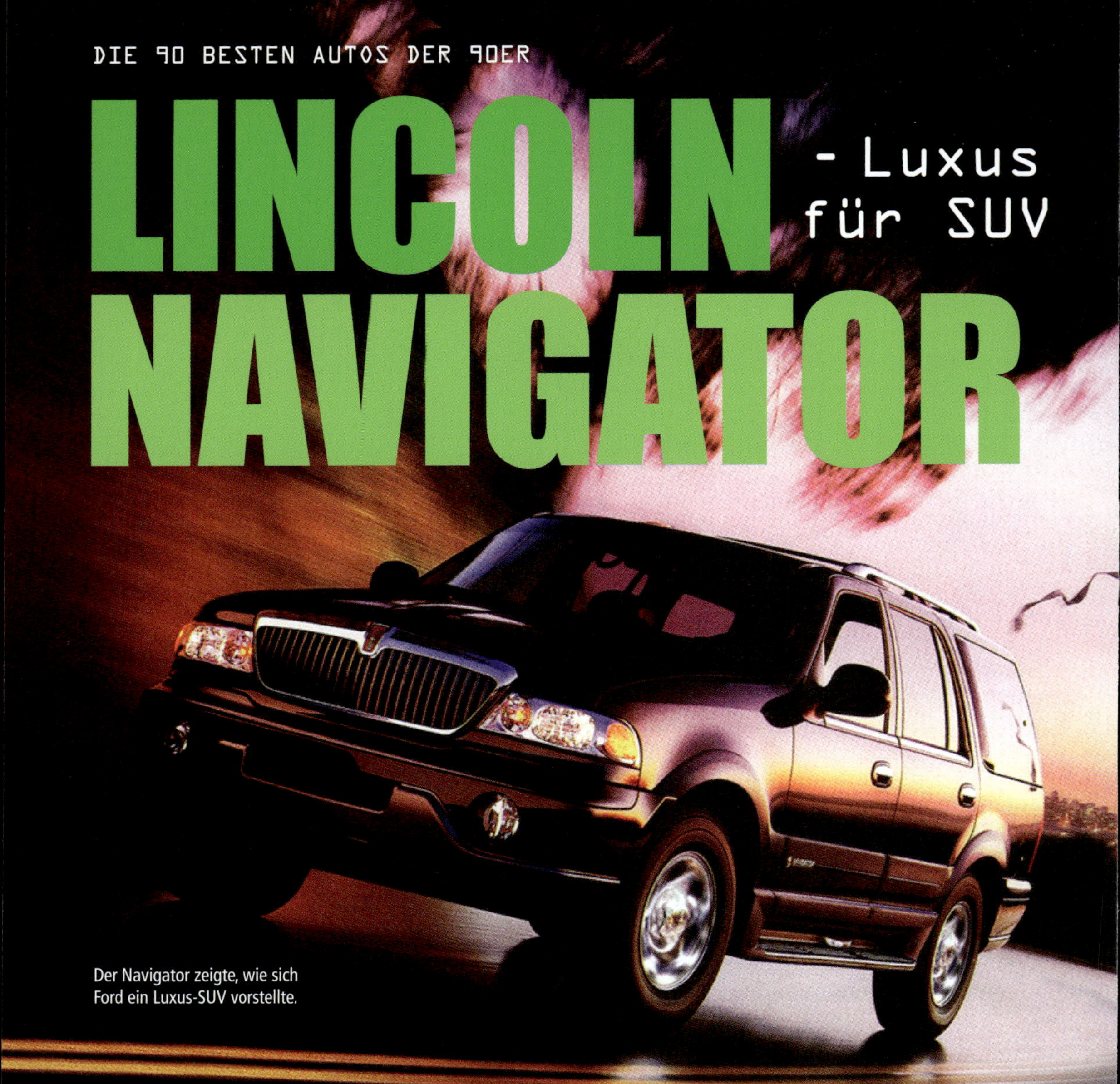

Der Navigator zeigte, wie sich Ford ein Luxus-SUV vorstellte.

Gegen Ende der 1980er-Jahre eroberten die sogenannten sportlichen Nutzfahrzeuge zunächst den US-amerikanischen Markt und später den Rest der Welt. Aus den Modellen, bei denen zunächst vor allem der Nutzwert im Vordergrund stand, entwickelten sich komfortable Fahrzeuge, die nach und nach den klassischen amerikanischen Stationwagon als Familientransporter ablösten. Das neue Segment erwies sich schnell als äußerst profitabel, sodass alle Hersteller ihr Angebot auf den Markt rollten. Neben den Großserienherstellern brachten auch die Premiumanbieter ihre Versionen an den Start.

Bei Lincoln, dem Nobelableger von Ford, kam im Mai 1997 der Navigator auf den Markt. Als Basis nutzte der 5,2 Meter lange Navigator den ein Jahr zuvor vorgestellten Ford Expedition, der von den Designern überarbeitet und mit den klassischen Lincoln-Details aufgehübscht wurde. Unter anderem erhielt der Lincoln einen anderen Kühlergrill, neue Radkästen und auch die Scheinwerfer sowie die Heckleuchten erhielten eine neue Form.
Der Innenraum wurde durch edlere Materialien und eine gegenüber dem Ford bessere Audioanlage aufgewertet. Die Informationszentrale vor dem Lenkrad wurde allerdings unverändert übernommen. Klimaautomatik, Niveauregulierung, Airbags für Fahrer und Beifahrer sowie elektrisch verstellbare Vordersitze waren serienmäßig.
Direkt in seinem ersten Produktionsjahr gelang dem Navigator ein unerwarteter Erfolg: Er überholte den ewigen Rivalen Cadillac bei den Zulassungszahlen. Neben dem Hinterradan-

trieb kam der Navigator mit dem elektronisch kontrollierten ControlTrac-Allradantrieb samt ABS-Bremssystem zu den Kunden.
Der Antrieb des 2,3-Tonners wurde unverändert aus dem Ford Expedition transplantiert. Der V8 mit 5,4 Liter Hubraum und einer obenliegenden Nockenwelle pro Zylinderreihe leistete überschaubare 230 PS (170 kW).

Als Zugwagen war dem Navigator nichts zu schwer.

Den Lincoln Navigator gab es auch als Allrad-Version.

Polospieler konnten im Navigator ihre Ausrüstung problemlos unterbringen.

Im Innenraum herrschte eine barocke, luxuriöse Atmosphäre.

Kein reines Stadtkind: Auch im Gelände fand der Navigator seinen Weg.

TOYOTA PRIUS

- die Kraft der zwei Herzen

Der erste Prius kam mit einem unscheinbaren Design auf den Markt und wurde in den USA als Golfcart verspottet.

Die Tokyo Motorshow war in den 1990er-Jahren ein beliebtes Ziel bei deutschen Motorjournalisten, die sich gerne von den dortigen Herstellern zu einer Reise in die japanische Hauptstadt einladen ließen.
Im Oktober 1997 stand auf dem Toyota-Stand ein eher unauffälliges Modell mit dem programmatischen Namen Prius, von Lateinischen »zuerst« abgeleitet. Die Limousine fiel weniger mit ihrem Design auf, sondern mit dem Antrieb, der einen Verbrennungsmotor mit einem Elektroantrieb verband. Der Toyota Prius war das erste in Großserie gebaute Modell mit Hybridtechnik, was damals von den Mitbewerbern belächelt wurde. Auch die deutschen Fachjournalisten waren nicht sonderlich begeistert. »Und damit wollen sie die Welt erobern?«, schmunzelte ein damals bekannter Fachautor. In der Tat war der Prius nicht sehr beeindruckend. Als Antrieb stand eine Systemleistung von überschaubaren 101 PS (74 kW) zur Verfügung.
Als das Lastenheft für den Prius erstellt wurde, war übrigens von Hybridtechnik nicht die Rede. Verlangt wurde von der Entwicklungsabteilung lediglich eine sparsame Limousine. Erst

als die Ingenieure keine Technologie fanden, um die Vorgaben zu erfüllen, kam die Kombination aus Verbrennungs- und Elektromotor ins Spiel. Um das Modell serientauglich zu machen, schloss sich damals der Chefentwickler in sein Büro ein und arbeitete Tag und Nacht an der Lösung.
Der Hybridantrieb war übrigens keine neue Technik. Bereits Ferdinand Porsche hatte Anfang des 20. Jahrhunderts ein vergleichbares Modell entwickelt, um damit das Gaisbergrennen bei Salzburg zu bestreiten.
Mit dem Prius hatte Toyota gleichzeitig bewiesen, dass die japanische Automobilindustrie durchaus in der Lage war, technische Innovationen an den Start zu bringen. Allerdings war der Hybridantrieb bei den Mitbewerbern nicht sonderlich beliebt und Entwickler sprachen sogar von einer »Vergewaltigung der Physik«. Im Laufe der Jahre setzte sich die umweltschonende Technologie durch und die meisten Hersteller nutzten die Mischform. Der erste Prius nutzte als Energiequelle eine Nickelmetallhydrid-Batterie, die entweder durch den Verbrennungsmotor oder durch die beim Verzögern entstehende Energie geladen wird.

Der Prius (hier das Concept Car von 1995) war das erste Automobil mit Hybridantrieb.

Toyota zeigte den Prius gerne als Modell der Zukunft.

Mit dem Prius zeigte Toyota, dass die Zeit des Kopierens abgelaufen war.

PEUGEOT 406 COUPÉ - der Beau

Das 406-Coupé wurde vom damaligen Peugeot-Hausdesigner Pininfarina entworfen.

Der Peugeot 406 war als Limousine und Kombi ein solider Vertreter der Mittelklasse. Das Design war nicht besonders aufregend und entsprach dem Geschmack der Kundschaft, die in diesem Segment keine Experimente erwartete. Doch dann kam 1997 das Coupé des biederen 406 auf den Markt und die vom Peugeot-Hausdesigner geschaffene Form beförderte diese Variante zum Hingucker.

Pininfarina spielte beim Design mit Elementen, die er bereits bei Ferrari verwendet und zuvor Fiat angeboten hatte. Doch in Turin lehnten die Chefs die Zusammenarbeit ab, Pininfarina wurde in Paris vorstellig. Die Franzosen waren auf Anhieb begeistert und griffen zu. Gleichzeitig bekam die italienische Designschmiede auch den Auftrag, das Coupé in ihrer Fabrik herzustellen.

Bei der Gestaltung übernahm Pininfarina kein einziges Karosserieteil der Limousine, was sich überaus positiv auf die Gestaltung auswirkte. So entstand ein Fahrzeug, das zu den schönsten Modellen gehörte, die aus der »Grande Nation« auf die internationalen Märkte rollten. Pininfarina war seit 1955 für zahlreiche Peugeot-Modelle verantwortlich, doch mit dem 406 Coupé neigte sich die Zusammenarbeit ihrem Ende entgegen. Das zeigte sich deutlich am Nachfolger – das 407 Coupé konnte mit keinem Blechteil an die Eleganz des Vorgängers anschließen.

Peugeot spendierte dem 406 Coupé eine reichhaltige Serienausstattung, zu der unter anderem ein Bordcomputer, Klimaanlage, Tempomat und ein umfangreiches Angebot an Airbags gehörte. Als Motorisierung kamen ein Zweiliter-Vierzylinder (135 PS/99 kW) und ein Dreiliter-V6-Motor (194 PS/143 kW) unter die

Haube, wobei der Zweiliter der meistverkaufte Antrieb war, der V6 aber wesentlich besser zum Auftritt des 406 passte. Im Gegensatz zu anderen Modellen, die bei Pininfarina gefertigt wurden, war das Coupé gut verarbeitet. Während die Blechhaut eine vollkommen eigenständige Konstruktion war, herrschte im Innenraum das übliche Peugeot-Ambiente, was irgendwie im Gegensatz zur eleganten Außenlinie stand. Bis zum Produktionsende fanden mehr als 107.000 Exemplare ihren Käufer.

Das Design erinnerte bei einigen Details an bekannte Ferrari-Modelle.

Das 406 Coupé war von vorne bis hinten eine elegante Erscheinung.

Unter dem eleganten Blech befand sich biedere Großserientechnik.

August 1997

1981 heiratete Thronfolger Charles Diana Spencer in London. Diana wurde schnell zur Medienikone und galt bald als meistfotografierte Frau der Welt. Charles geriet in ihren Schatten und die Ehe, aus der William und Harry hervorgingen, scheiterte 1992. Auch danach blieb Diana im Fokus der Presse und wurde von Paparazzi verfolgt. In der Nacht zum 31. August 1997 verunglückte sie in Paris tödlich, als ihr Fahrer Henri Paul versuchte, mit ihr und ihrem Partner Dodi Al-Fayed Paparazzi zu entkommen. Unter dem Place de l'Alma verlor er die Kontrolle über die Mercedes S-Klasse – alle Insassen starben. Die Welt trauerte, doch das Königshaus reagierte spät und erntete Kritik. Am 6. September wurde Diana nach einer Trauerfeier auf dem Anwesen der Familie Spencer beigesetzt.

PLYMOUTH PROWLER

– der Streuner

Mit dem Prowler erinnerte Plymouth an die Hot-Rods der 1950er-Jahre.

Im Detroiter Auto-Trio war Chrysler immer für eine Überraschung – positiv wie negativ – gut. Die Marke schwankte von einem Extrem ins nächste und von wirtschaftlichen Höhen in die Abgründe der drohenden Pleite. Auch die Modelle folgten keinem erkennbaren Muster. Bescheidene Vierzylinder lösten fette V8-Antriebe ab, dann kam mit der Einführung der neuen Minivans vom Schlage eines Voyagers wieder Geld in die notorisch klammen Kassen und man konnte sich wieder etwas Ausgefallenes leisten.

An Ideen mangelte es den Kreativen der Marke gewiss nicht. Dafür ist der Dodge Viper das beste Beispiel. Wer außer bei Chrysler wäre jemals auf die Idee gekommen, einen Zehnzylinder-Motor aus der Abteilung Nutzfahrzeuge in einen Sportwagen zu transplantieren. Und deshalb war es am Ende keine Überraschung, als Chrysler 1997 den Plymouth Prowler auf den Markt rollte. Der Prowler (Streuner) war eine Wiederbelebung der klassischen Hot-Rods, die Jugendliche in den 1950er-Jahren zusammenbastelten. Damals schnitten die ambitionierten Jungs Oldtimern das Dach ab, verfrachteten einen V8 in den Motorraum, legten das ganze deutlich niedriger und machten die nahe und weitere Umgebung unsicher.

Gleichzeitig verschafften die Chrysler-Verantwortlichen der 2001 eingestellten Marke Plymouth eine zweite, aber kurze Chance. Der Roadster war Retro-Design pur und als Antrieb kam der aus anderen Modellen bekannte 3,5-Liter-V6 mit 217 PS (160 kW) zum Einsatz. Die Leistung wurde über eine Viergangautomatik an die Hinterräder übertragen. Die Kraftübertragung war in Transaxle-Bauweise im Heck montiert. Im Jahr 1999 spendierten die Chrysler-Entwickler ihrem »Streuner« eine

Unter der Haube arbeitete ein Hot-Rod-untypischer V6-Zylinder, was in den USA kritisiert wurde.

Der Innenraum wirkte weit weniger archaisch als das Äußere – es gab sogar einen CD-Player.

Insgesamt 12.000 Prowler rollten bis 2001 auf die Straßen.

Die Instrumente des Prowler waren übersichtlich angeordnet.

Leistungsspritze, sodass von nun an 253 PS (186 kW) bereitstanden. Der Prowler kam mit zwei Airbags, Seitenaufprallschutz, Alarmanlage, CD-Player und einem manuell betätigten Verdeck zu den Kunden. Für Zeitgenossen mit zusätzlichem Bedarf an Stauraum gab es gegen Aufpreis einen Anhänger. Für die Exemplare der ersten Serie gab es nur eine Lackierung: Prowler-Violett. Später konnten die Kunden aus elf verschiedenen Farben wählen.

Bei der Entwicklung bedienten sich die Ingenieure im hauseigenen Teileregal. Die Einzelradaufhängung vorne kam von der Viper, der 3,5-Liter-V6 diente in vielen anderen Modellen der Marke und die Lenkung steuerte der Voyager bei. Hot-Rod und V6? Das ging eigentlich gar nicht, doch bei Chrysler musste gespart werden, denn die speziell für den Prowler entwickelten Teile gingen deutlich ins Geld. Daher sechs statt acht Zylinder.

Nach knapp 12.000 Exemplaren endete im Jahr 2001 die Geschichte des Prowler.

LAND ROVER FREELANDER

- der kleine Range

Mit dem Freelander erschloss sich Land Rover eine neue Kundschaft.

Der Freelander wurde als kleiner Range Rover von den Kunden geschätzt.

Der kompakte Freelander war der komfortabelste Land Rover seiner Zeit.

Der Freelander war zu seiner Zeit in Europa das erfolgreichste SUV.

Im Jahr 1988 hatte British Aerospace die Rover Gruppe für 150 Millionen Pfund übernommen, wodurch die Entwicklung eines kleineren Land Rover-Modells erst möglich wurde.

Das neue Modell unterhalb des Discovery wurde als Pathfinder Projekt aufgenommen und erhielt den Entwicklungscode CB 40 nach dem Canley Building, wo das Konzept zuerst erdacht worden war. Der »kleine Land Rover« erreichte fast die gleiche Länge und einen um 2,5 Zentimeter längeren Radstand wie der ein Jahr zuvor eingestellte Range Rover. Zum ersten Mal brachte die auf Geländemodelle spezialisierte Marke ein Modell in Monocoque-Bauweise an den Start, allerdings besaß der Freelander einen zusätzlichen Hilfsrahmen, um zusätzliche Steifigkeit zu erreichen.

Im Herbst 1997 stellte Land Rover sein kleinstes Modell vor, das aber im Gegensatz zu Discovery und Defender als SUV auf den Markt rollte und nicht die Geländeeigenschaften der größeren Modelle ermöglichte. Der sogenannte Softroader war in der ersten Generation als Dreitürer mit Soft- und Hardtop oder als Fünftürer lieferbar. Als Antrieb kamen zunächst ein 1,8-Liter Vierzylinder mit 117 PS (86 kW) und ein Zweiliter-Diesel mit 98 PS (72 kW) zum Einsatz. Die erste Generation des Freelander war bis zu seinem Produktionsende im Jahr 2004 das meistverkaufte SUV in Europa.

Im Gelände zeigte der Freelander die typischen Stärken der Marke, hatte aber nicht die Geländeeigenschaften der größeren Modelle.

Der kompakte Land Rover war auch abseits der Straßen eine Größe.

1998
Alfa Romeo

Mit dem Modell 156 kehrte Alfa Romeo auf die Erfolgsspur zurück.

Bei den Carabinieri war der 156 ein beliebter Einsatzwagen.

Fiat lieferte die Basis für den Alfa Romeo 156, was die Alfisti nicht unbedingt erfreute.

Der Innenraum war komfortabel ausgelegt. Die Sportsitze boten einen guten Seitenhalt.

Aufgeräumt, stilvoll und modern präsentierte sich das Cockpit.

Später ergänzte eine Kombiversion die 156-Baureihe, die ebenfalls beliebt war.

Mit dem 156 kehrte Alfa Romeo auf die Erfolgsspur zurück, obwohl die Limousine – später folgte noch der Sportwagon als Kombi und die Allradvariante Crosswagon Q4 mit Allradantrieb – in den Augen der Alfisti kein hundertprozentiger Alfa war.
Als Basis nutzte das Modell die stark überarbeitete Plattform des Fiat Tipo, die vorne eine Doppelquerlenkeraufhängung und im Heck die von Lancia entwickelte Camuffo-Achse erhielt. Wie die anderen Fiat-Modelle besaß auch der 156 Frontantrieb. Die 1986 von Fiat vor der Übernahme durch Ford gerettete Sportwagenmarke erreichte mit dem 156 einen internationalen Verkaufserfolg, der 156 stand bald für mehr als die Hälfte der Alfa-Romeo-Produktion. Die Entwickler hatten damals den blumig formulierten Auftrag, die Fans der Marke wieder »zum Träumen zu bringen« – und das gelang ihnen auch.
Insgesamt setzte das Unternehmen rund 680.000 Einheiten ab. Gleichzeitig war die Limousine als JTD das erste Diesel-Modell, das eine Common-Rail-Einspritzung nutzte. Außerdem hatten sich die Kreativen im Centro Stile Lacke einfallen lassen, die je nach Blickwinkel die Farbe wechselten, was bei Fotografen gar nicht gut ankam.
Sein Debüt gab der 156 im Jahr 1997 auf der Frankfurter IAA, ein Jahr später wurde er zum europäischen Auto des Jahres befördert. Die mit den klassischen Alfa-Elementen entworfene Limousine kam zunächst mit Benzinern (1,6 Liter bis 2,5 Liter und 88 kW bis 140 kW) sowie Dieselaggregaten (1,9 Liter und 2,4 Liter mit 77 kW und 100 kW) auf den Markt. Eine weitere Premiere war der Einsatz von Magnesium in einem Großserienmotor. Der 156 brachte Alfa Romeo in das Visier einer wachsenden Kundschaft und die Fachzeitschrift »Auto Motor und Sport« verglich die Euphorie rund um die neue Limousine mit dem Start der Alfa Romeo Giulia, die Jahre zuvor die Klasse der sportlichen Limousinen begründet hatte.
Alfa Romeo entwickelte auf Basis des 156 die Variante Superturismo und nahm mit dem 310 PS starken Rennwagen erfolgreich bei verschiedenen Rennserien in Europa an.

Der 156 setzte die Tradition sportlicher Alfa-Limousinen fort, die mit der Giulia begonnen hatte.

Mai 1998

Am 7. Mai feierten Daimler und der finanzschwache US-Konzern Chrysler ihre Fusion zu DaimlerChrysler. Die Verbindung sollte das Beste beider Welten vereinen, scheiterte jedoch an kulturellen Unterschieden und wurde für Daimler ein Milliardengrab.

AUDI TT

- von Kalifornien nach Ingolstadt

Der Audi TT teilte sich die Plattform mit dem biederen Volkswagen Golf und wurde zum Erfolgsmodell.

Im Herbst 1988 brachte Audi, bisher vor allem für sportlich ausgelegte Limousinen und Kombis im Premiumbereich bekannt, mit dem TT ein zweisitziges Coupé auf den Markt, das seine Wurzeln in Kalifornien hat. Im Designzentrum im kalifornischen Simi Valley vor den Toren von Los Angeles entstand bereits im September 1994 die erste Studie des späteren Erfolgsmodells. Der Entwurf stammte von Freeman Thomas, der unter anderem auch für das Volkswagen Concept 1 verantwortlich war, aus dem später das Serienmodell New Beetle wurde. Später wechselte er zu DaimlerChrysler und entwarf für den Konzern einige Konzeptfahrzeuge. Den Innenraum des TT gestaltete Romulus Rost. Die Studie wurde als TTS, in Anlehnung an die erfolgreichen NSU-Modelle, ein Jahr später auf der Frankfurter IAA gezeigt und erntete durchaus widersprüchliche Beurteilungen der Fachpresse, die sich mit dem rundlichen Design nicht anfreunden konnte. Der zweite Auftritt folgte im selben Jahr auf der Tokyo Motorshow, da war die Serienproduktion des Audi TT bereits beschlossene Sache. Rost erinnerte sich später, dass Audi-Chef Ferdinand Piëch von dem kalifornischen Design schlicht begeistert war. Deshalb wurden auch nicht, wie damals üblich, alternative Designvorschläge in Auftrag gegeben. »Das war sicherlich unser Glück«, so Rost. Der TT

teilte sich die Plattform mit dem Golf und dem später vorgestellten New Beetle.
Studien, auch wenn sie noch so begeisternd gestaltet sind, erleiden, wenn sie die verschiedenen Stufen bis zur Serienfertigung durchlaufen, zumeist das Schicksal, dass die ursprüngliche Idee von den Kostenmanagern weitgehend verwässert wird. Das war beim TT nicht der Fall, so gut wie alle Details wie zum Beispiel die kostspieligen Aluminiumelemente im Innenraum schafften es in die Serie. Der TT kam zunächst mit 1,8-Liter-Vierzylinder-Turbomotoren mit 180 PS und 225 PS auf den Markt, im Frühjahr rollte Audi den Roadster aus den Werkshallen. Die Preisliste begann bei 53.000 Mark für das Coupé und 62.000 Mark für den Roadster. Das vergleichsweise niedrige Preisniveau hatte seine Ursache in dem Produktionsort. Der TT entstand im ungarischen Audi-Werk in Györ, wo die Bandarbeiter durchschnittlich 770 Mark verdienten.

Neben dem Coupé wurde auch eine Roadster-Version ins Programm genommen.

Der TT wurde im ungarischen Audi-Werk in Györ produziert.

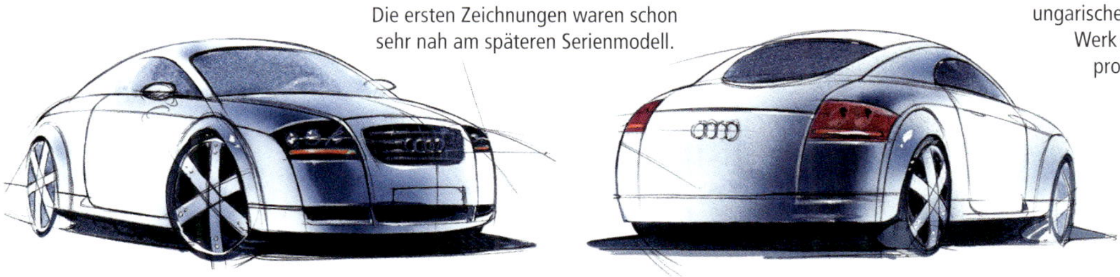

Die ersten Zeichnungen waren schon sehr nah am späteren Serienmodell.

Mai 1998

Der Trierer Schlagersänger Guildo Horn, der mit seiner Band »Die Orthopädischen Strümpfe« durch Deutschland tourte, tritt im Mai 1998 beim Eurovision Song Contest auf. Mit seinem Lied »Guildo hat Euch lieb« erreichte er nach einem anarchischen Auftritt den siebten Platz – keine schlechte Leistung. Autor und Produzent des Liedes war Stefan Raab, der das Pseudonym Alf Igel in Anlehnung an den Schlagerproduzenten Ralph Siegel wählte. Mit ihrer Teilnahme und dem damit verbundenen Medienecho trugen die beiden entscheidend zur Wiederbelebung des Wettbewerbs in Deutschland bei.

VW NEW BEETLE

- für Nostalgiker

Eine runde Sache: Das Design geht auf Entwürfe von Freeman Thomas zurück.

Der Volkswagen Beetle war das erste Modell, das im Retrodesign auf den Markt kam.

Der New Beetle trug ein bekanntes Gesicht und brachte den Käfer in die Gegenwart.

Mit dem zunächst New Beetle (das »New« entfiel in Deutschland bald) getauften Nostalgie-Modell startete Volkswagen eine neue Designrichtung. Die Kreativen hatten bei der Gestaltung der Studie nicht nach vorne geblickt, sondern in den Rückspiegel. Das Ergebnis war ein Konzept, das auf den ersten Blick eine Neuinterpretation des legendären Käfers war.

Die Entwicklung des Nostalgiemodells begann 1992 im ein Jahr zuvor gegründeten American Design Center in Simi Valley, wo offensichtlich eine besonders kreative Atmosphäre herrscht. Die Kreativen vor den Toren von Los Angeles hatten damals die Aufgabe, ein Fahrzeug mit alternativen Antriebstechniken zu entwerfen. Kalifornien, der wichtigste Markt in den USA, hatte besonders strenge Abgasvorschriften, die später allerdings wieder gelockert wurden. Das neue Fahrzeug sollte zunächst ohne Emissionen fahren können. Die Marktforschung hatte damals ermittelt, dass die US-amerikanische Bevölkerung Volkswagen noch immer vor allem mit dem Käfer in Verbindung brachte.

Die beiden Designer Freeman Thomas und J. Mays schufen daher die Studie »VW Concept 1«, die den Käfer in die Gegenwart brachte. Anfang 1994 stand das Modell auf dem Volkswagen-Stand der Detroit Motor Show und löste Wellen der Begeisterung aus. Ein Jahr später folgte der nächste Schlag. Auf dem Genfer Automobilsalon stand eine Cabrio-Ableitung von Concept 1. Die überaus positiven Reaktionen überzeugten die Verantwortlichen in Wolfsburg, aus dem Konzept ein Serienmodell zu entwickeln. Die Entscheidung wurde 1995 in Japan verkündet. Zunächst war als Basis die Plattform des kommenden Polo vorgesehen, außerdem war auch eine Hybridkonstruktion mit einem Dreizylinder-Turbodiesel und einem Elektromotor in der Diskussion, doch diese Lösung wurde wieder verworfen. Schließlich kam die neue Käfer-Generation auf der Plattform des Golf IV in den Handel.

Die endgültige Serienversion des New Beetle wurde schließlich am 5. Januar 1998 auf der Detroit Motor Show erstmals der Öffentlichkeit gezeigt. Volkswagen war, ohne sich darüber bewusst zu sein, der erste Hersteller, der ein neues Modell im Retrodesign auf den Markt brachte. Später folgte unter anderem Fiat mit der Neuauflage des 500. Auch bei der Gestaltung des Innenraums übernahmen die Designer Elemente des Käfers wie zum Beispiel die kleine Blumenvase oder den Griff über dem Handschuhfach. Wie sein Vorgänger lief der New Beetle auch im mexikanischen Puebla von den Bändern.

Die Presse-Vorstellung in Wolfsburg war eine Art Woodstock-Revival und mehr Event als Informationsveranstaltung. Damals hatte Volkswagen eine Bonner Agentur mit einem sehr großzügigen Budget ausgestattet und so wurden die Veranstaltungen mitunter zu einer Art Happening, bei dem die Autos nur noch Staffage waren. Im Jahr 2003 schließlich folgte die Cabrio-Version.

Der New Beetle brachte auch durchaus dynamische Eigenschaften auf die Straße.

Auch der Innenraum erinnerte an den legendären Käfer.

Der Verschluss der Heckklappe versteckte sich unter dem VW-Logo.

Wie beim histprischen Vorbild gab es auch eine Cabrio-Version des New Beetle.

MASERATI 3200 GT – Luxus à la Giugiaro

Auch in den 1990er-Jahren spielte Giorgietto Giugiaro eine beherrschende Rolle in der Welt des Automobildesigns. Der Maserati 3200 GT, der im Sommer 1998 auf den Markt kam, gehört zu seinen Schöpfungen. Die Gestaltung des Innenraums übernahm Enrico Fumi vom Lancia Centro Stile. Der 3200 GT war vorerst der letzte Vertreter der Marke mit Biturbo-Antrieb. Erst mit dem 2020 vorgestellten MC20 kam diese Technik wieder unter die Haube eines Maserati.

Im August 1998 wurde das 2+2-sitzige Luxus-Coupé der Öffentlichkeit vorgestellt. Der 3,2-Liter-Turbo-V8 wurde bereits in der Limousine Quattroporte und dem Shamal eingesetzt. Im 3200 GT leistete der überarbeitete Motor 370 PS (272 kW). In der GTA getauften Version mit Automatikgetriebe standen zwei PS weniger zur Verfügung. Als technische Neuheit besaß das Coupé ein elektronisches Gaspedal – eine elektrische Steuerung der Drosselklappe, sodass auf die mechanische Verbindung über einen Seilzug zwischen Gaspedal und Motor verzichtet wurde. Das Ergebnis war ein optimiertes Ansprechverhalten des V8-Antriebs.

Als besonders auffälliges Designelement hatte sich Giugiaro die Gestaltung der Rückleuchten einfallen lassen. Die an einen Bumerang erinnernden Leuchteinheiten besaßen zudem Leuchtdioden, sodass der Maserati als erstes Modell mit dieser Lichttechnik auf den Markt kam. Seltsamerweise wurde sie vier Jahre später mit der Vorstellung des Nachfolgers wieder gestrichen. Im Vergleich zur Konkurrenz war der 3200 GT mit einem Basispreis von 143.000 Mark fast schon ein Sonderangebot mit einer großzügigen Serienausstattung, zu der unter anderem eine Klimaautomatik, Ledersitze, Sitzheizung für die Vordersitze, zwei Airbags vorne sowie eine Antriebsschlupfregelung gehörten. Natürlich ließ sich der 3200 GT den Wünschen der Kundschaft entsprechend im Werk individualisieren.

Für die Freunde eines sportlichen Auftritts brachte Maserati später eine auf 150 Exemplare begrenzte Sonderserie »Assetta Corsa« auf den Markt, bei der die Motorleistung nicht angehoben, dafür aber das Fahrwerk und die Bremsen überarbeitet worden waren.

Der 3200 GT war von Giorgetto Giugiaro entworfen worden und verkörperte die klassische Eleganz italienischer Coupés.

Der Innenraum war luxuriös ausgelegt und mit feinsten Materialien ausgestattet.

Der 3200 GT war im Vergleich zur Konkurrenz mit einem Preis von 143.000 Mark fast ein Sonderangebot.

August 1998

Am 1. August trat die zweite Rechtschreibreform im deutschen Sprachraum in Kraft – ein schwarzer Tag für Sprachpuristen in Deutschland, Österreich und der Schweiz. Schon zu Beginn regte sich Widerstand, viele ignorierten die neuen Regeln. Zahlreiche Zeitungen und Zeitschriften setzten sich darüber hinweg und führten eigene Schreibweisen ein, wodurch die Einheitlichkeit verloren ging. Die erste Reform hatte es Anfang des 20. Jahrhunderts gegeben. Bis 2005 waren alte Schreibweisen noch erlaubt.

VW BORA

- wieder ein Wind

Mit der vollständig neu gestalteten Stufenheckversion des Golfs hatten die Verantwortlichen in Wolfsburg großes vor. Der nach einem starken und kalten Fallwind an der Adriaküste benannte Bora sollte ursprünglich zu einer vollständigen Baureihe ausgebaut werden und gegen die BMW-Dreier-Reihe und den Mercedes W202 gestellt werden. Warum die Volkswagen-Verantwortlichen ausgerechnet diese äußerst unangenehme meteorologische Erscheinung wählten, wird auf ewig ihr Geheimnis bleiben. Ein gutes Omen war es auf jeden Fall nicht.

Geplant war neben der Limousine und Kombi ein sportliches Coupé, das den Ende 1995 eingestellten Corrado ersetzten sollte. Am Ende kamen nur die Limousine und der Kombi auf den Markt. Weil der Name Jetta von den Wolfsburger Marketingexperten als zu altbacken beurteilt wurde, wechselte man für den Golf mit Stufenheck zu Bora, wobei allerdings in den USA, Kanada und Südafrika das Modell als Jetta IV bei den Händlern stand.
Das Design des Bora war deutlich gelungener als beim Vorgänger. Die Karosserielinie war

Der Bora war Volkswagens Antwort auf die BMW-Dreierreihe und kam auch als Kombi auf den Markt.

Der Bora kam mit einem deutlich eleganteren Design als der Jetta zu den Kunden, die ein Stufenheck bevorzugten.

Für den Bora wählten die Volkswagen-Marketingexperten einen unangenehmen Wind der Adria-Region.

wesentlich harmonischer und das Heck wirkte nicht wie beim Jetta künstlich an eine Golfkarosserie angepappt. Der Bora kam in vier Ausstattungslinien (Basis, Trendline, Comfortline, Highline) auf den Markt und war serienmäßig unter anderem mit ABS, Zentralverriegelung und bis zu acht Airbags ausgerüstet.

Die Informationszentrale war übersichtlich im VW-Hausdesign gestaltet.

Um die höhere Positionierung zu unterstreichen, bekam der Bora als Topmotorisierung einen Sechszylinder (2,8 Liter Hubraum und 204 PS/150 kW). Dabei handelte es sich um den bewährten VR6-Motor, der auch im Golf und anderen Modellen eingesetzt wurde, im Bora auf Wunsch des Marketings aber die Bezeichnung V6 tragen musste. Das so motorisierte Topmodell bekam außerdem einen Allradantrieb. So ausgerüstet beschleunigte der Bora in 7,1 Sekunden aus dem Stand auf 100 km/h. In Vergleichstests der Fachpresse konnte sich der Bora gut behaupten und besiegte mitunter seine Konkurrenten, wobei vor allem die sehr gute Verarbeitungsqualität und das Fahrverhalten gelobt wurden. Das konnte allerdings nicht verhindern, dass der Bora eigentlich nur auf den Märkten in Nordamerika und Südafrika wirklich erfolgreich war – als Jetta IV.

Die Kombiversion hatte einen großzügig dimensionierten Laderaum.

September 1998

Am 3. September geht bei RTL eine Quizsendung an den Start, die bis heute die Menschen in ihren Bann zieht. »Wer wird Millionär?« ist die deutsche Version des britischen Originals »Who wants to Be a Millionaire?« Die von der Endemol Shine Germany GmbH in einem Kölner Studio vor Publikum produzierte und von Günther Jauch moderierte Sendung ist unangefochten die beliebteste Quizshow im deutschen Fernsehen. Am 2. Dezember 2000 hatte zum ersten Mal ein Kandidat die Möglichkeit, mit einer Million nach Hause zu gehen. Der Geschichtsprofessor Eckhard Freise zögerte, gab dann aber die korrekte Antwort und war Millionär. Inzwischen ist Freise selbst Star in einer Quizshow.

VW LUPO

- der kleine Wolf

Der Lupo kam ein Jahr nach dem baugleichen Seat Arosa auf den Markt. Der Name Lupo (Wolf) war als Reminiszenz an Wolfsburg gewählt worden.

Der Zweitürer war für fünf Insassen zugelassen, allerdings ging es auf der Rückbank dann sehr eng zu.

Nach dem im Frühjahr 1997 auf den Markt gerollten Seat Arosa folgte ein Jahr später die Volkswagen-Version als Lupo, also Wolf. Die Typenbezeichnung wurde als Reminiszenz an Wolfsburg gewählt. Tatsächlich war der Kleine Volkswagens erster Beitrag in der Kleinstwagenklasse und entwickelte sich bald zum Dreiliter-Auto. Die 1999 lieferbare Dieselvariante kam auf einen offiziellen Verbrauch von 2,99 Liter und das wurde von den Wolfsburger entsprechend in den Vordergrund gestellt.

Der kleine Dreitürer war für bis zu fünf Personen zugelassen, wobei sich die drei Hinterbänkler beängstigend nahekamen. Der Kofferraum hatte eine überschaubare Größe, die sich durch das Umlegen der Rücksitzlehne ausbauen ließ. Vom Lupo, der von 2001 an im Brüsseler Volkswagenwerk gefertigt wurde, kamen insgesamt 490.000 Exemplare auf den Markt. Der kleinste VW erschien in insgesamt sieben Ausstattungslinien, die von der Basis bis zu einer GTI-Version reichten. Im GTI verwandelte ein 101 PS (74 kW) starker Antrieb den kleinen Wolf in ein echtes Kraftpaket. Die Basisversion wurde von einem 50 PS (37 kW) starken Benziner angetrieben. Die Dieselfraktion begann bei 61 PS (45 kW). Serienmäßig kam der Lupo mit ABS, zwei vorderen Airbags, elektronischer Wegfahrsperre, Gurtstraffern und einer dritten Bremsleuchte zu den Kunden.

Um die günstigen Verbrauchswerte zu erreichen, wurden nicht nur der Antrieb im Lupo 3L TDI entsprechend modifiziert, auch die Karosserie wurde mittels Leichtbautechniken auf Diät gesetzt. So wurden verstärkt Aluminium und Magnesium eingesetzt, auch die Glasflächen bestanden aus dünnerem Glas.

Der Lupo kam auch als Dreiliter-Auto auf den Markt. Am anderen Ende stand eine GTI-Version mit 101 PS.

Insgesamt 490.000 Exemplare von dem „kleinen Wolf“ wurden im Brüsseler Volkswagen-Werk gefertigt.

ALFA 166

- der letzte seiner Art

Alle guten Dinge sind drei, müssen sich die Chefs von Alfa Romeo gedacht haben, als sie das neue Topmodell der Marke an den Start brachten. Gleich drei Premieren spendierten sie dem Alfa Romeo 166, der als Nachfolger des 164 entwickelt worden war.
Die erste Premiere fand im September in Madrid statt, als die Limousine der Fachpresse gezeigt wurde. Dann wurde einen Monat später der Marktstart in Italien gefeiert und zum Abschluss feierte der 166 noch eine Premiere auf der Pariser Mondial de l'Automobile.

Wahrscheinlich konnte sich bei Alfa niemand vorstellen, dass der 166 die letzte große Limousine mit dem charakteristischen Scudetto im Kühlergrill sein würde, doch als die Baureihe 2007 auslief, stand kein Nachfolger in den Startlöchern.
Allerdings lebte das Modell in China in abgewandelter Form eine Zeitlang weiter. Im Jahr 2009 hatte das chinesische Unternehmen Guangzhou Auto Corporation (GAC) die Rechte an der Plattform des 166 übernommen und nutzte diese Basis für den GAC Trumpchi GA5.

Der neue Alfa 166 war nicht wirklich neu, denn die Entwickler nutzten für die Limousine die Plattform des Vorgängers.

Das Design der Limousine entstand im hauseigenen Centro Stile Alfa Romeo und übernahm Elemente des 164.

Das Design war eine Eigenproduktion des Centrostile Alfa Romeo, das damals von Walter de Silva geführt wurde. Um Kosten zu sparen – bei Alfa immer schon ein Gebot der Stunde – hatte das Team eine Form gewählt, die sich stark am Design des Vorgängers orientierte, gleichzeitig aber bei den Blinkern und Rückleuchten eine neue Lichttechnik eingeführt und die üblichen Glühlampen durch Leuchtdioden ersetzt. Irgendwie müssen die PR-Verantwortlichen diese technische Neuerung übersehen haben. Auf jeden Fall wurde der Einsatz dieser Technik der Öffentlichkeit verschwiegen. In der Front verpassten die Kreativen dem 166 überraschend kleine Halogen-Scheinwerfer, gegen Aufpreis kam auch Xenonlicht zum Einsatz. Für das Scudetto mit dem Wappen von Mailand wählten die Designer eine überraschend flache Position.

Der Kostengedanke spielte auch bei der Technik eine bestimmende Rolle. Deshalb übernahmen die Entwickler die Bodengruppe des Vorgängermodells, spendierten aber der Vorderachse eine Doppelquerlenker-Konstruktion, mit der sie die MacPherson-Federbeine ersetzten. Hinten musste die Camuffo-Hinterachse einer Multilink-Achse mit Aluminiumgussträger weichen.
Ursprünglich wurde der 166 von einem Zweiliter-Reihenvierzylinder-Benziner sowie einem Zweiliter V6-Turbomotor und einem Dreiliter-V6-Zylinder angetrieben. Daneben stand ein 2,4-Liter-Reihen-Fünfzylinder-Diesel im Sortiment. Das Antriebsprogramm musste allerdings bereits zwei Jahre nach dem Marktstart gründlich überarbeitet werden, weil inzwischen die Abgasnorm Euro 3 eingeführt worden war, die von den Motoren nicht erfüllt werden konnte. Neben den neuen Motoren kam auch ein G3 genanntes Navigationssystem in das Alfa-Topmodell.
Bis zur Produktionseinstellung im Jahr 2007 verschwanden die meisten Motorvarianten aus dem Programm. Am Ende waren nur noch ein 3,2-Liter-Sechszylinder-Benziner und ein 2,4-Liter-Diesel lieferbar.

Das Cockpit des 166 entsprach dem für Alfa Romeo typischen übersichtlichen Stil.

Mit dem 166 verabschiedete sich Alfa Romeo aus dem Kreis der Premium-Limousinen. In China erlebte das Modell eine zweite Karriere.

MERCEDES S-KLASSE

- neue Spitze

Im Herbst 1998 zeigte Mercedes-Benz auf der Pariser Mondial de l'Automobile in Paris seine neue S-Klasse der Baureihe W220 und stellte gleich sechs Limousinen auf seinen Stand. Siebeneinhalb Jahre hatten die Ingenieure in Stuttgart an dem neuen Modell gearbeitet und gleichzeitig fanden die Designer eine elegante Karosserie, mit der die vor allem wegen ihrer Form und Abmessungen kritisierte Typenreihe W140 in den Ruhestand geschickt wurde.

Im Vergleich zum ausladenden Vorgänger wirkt die neue S-Klasse fast schon fast zierlich und filigran. Auf jeden Fall besaß sie einen wesentlich eleganteren Auftritt. Die Entwickler schickten sie mit mehr als 30 technischen Neuerungen wie der automatischen Abstandsregelung Distronic, einem Navigationssystem mit integriertem Stauwarner, auf den Markt. Später ergänzt das Pre-Safe-Sicherheitssystem den Reigen der technischen Neuerungen. Der damalige Vertriebsvorstand und spätere Daimler-Chef Dieter Zetsche begrüßte das neue Daimler-Flaggschiff einigermaßen euphorisch: »Insgesamt schöpft die neue S-Klasse ihre Begehrlichkeit aus den klassischen Tugenden eines Mercedes-Benz – aus der Verbindung von Vernunft und Emotion. Sie garantiert Gelassenheit durch die vertraute Stärke bei Komfort und Sicherheit, und sie verkörpert Genuss mit ihrem eleganten Design und ihren ausgewogenen Fahreigenschaften.«
Zum Marktstart stand die neue S-Klasse mit zwei Karosserie- und drei Motorvarianten

Siebeneinhalb Jahre nahmen sich die Entwickler bei Mercedes Zeit, um die neue S-Klasse zu entwickeln.

in den Niederlassungen. Dort konnten die Kunden zwischen der Limousine mit kurzem (2,96 Meter) und einem Modell mit einem um zwölf Zentimeter verlängerten Radstand (3,08 Meter) wählen. Beim Antrieb stand zunächst ein Trio zur Wahl: Im S 320 arbeitete ein 3,2-Liter V6 mit 224 PS (165 kW). Im S 430 arbeitete ein V8, der 279 PS (205 kW) leistete. Der V8 im Topmodell S 500 schließlich kam auf 306 PS (225 kW). Alle Antriebsvarianten besaßen Dreiventiltechnik und Doppelzündung, um eine optimale Verbrennung zu erreichen.
Im S 500 brachten die Mercedes-Ingenieure eine neue Zylinderabschaltung an den Start, die den Achtzylinder zeitweise in einen Vierzylinder verwandelte, ohne dass die sprichwörtliche Laufruhe des Motors beeinträchtigt wurde. Mit diesem Eingriff wurde der Verbrauch des V8 um durchschnittlich sieben Prozent reduziert. Mittels angepasster Fahrweise, so hatten die Mercedes-Ingenieure errechnet, ließen sich sogar noch größere Spareffekte erzielen. Bei konstant 120 km/h verringert sich der Verbrauch um 13 Prozent, bei 90 km/h um rund 15 Prozent.
Ein Jahr nach der Premiere in Paris rollte die Zwölfzylinder-Limousine S 600 (367 PS/270 kW) und die beiden Diesel-Achtzylinder S 320 CDI und S 400 CDI in die Modellpalette. Der Zwölfzylinder beschleunigte die Limousine in 6,3 Sekunden auf 100 km/h und erreichte bei abgeregelten 250 km/h seine Höchstgeschwindigkeit. Bei allen Antrieben wurde die Leistung über ein Fünfganggetriebe mit zwei Fahrprogrammen an die Hinterachse übertragen.
Im Vergleich zur Vorgänger-S-Klasse war die Baureihe um rund 300 Kilogramm leichter geworden und erreichte einen Cw-Wert von 0,27. Für den Schutz der Insassen waren Window-Airbags, die sich im Fall der Fälle von der A- bis zur C-Säule ausbreiteten, serienmäßig. Für den Komfort hatten die Ingenieure eine elektronisch gesteuerte Luftfederung an beiden Achsen entwickelt und die Kombination mit dem adaptiven Dämpfungssystem verbesserte das Fahrerhalten.
Von Frühjahr 1999 an kam die automatische Abstandsregelung Distronic in die S-Klasse. Das neuartige sogenannte Cockpit Management und Data System, abgekürzt Command, fasste die Funktionen von Autoradio, CD- und Kassettenspieler, Soundsystem, Telefon, Navigationssystem, TV-Empfänger und das Zeitsignal für die Uhr zusammen und machte die Bedienung komfortabler.

Der Innenraum war luxuriös ausgestattet, die Instrumente wie von Mercedes gewohnt übersichtlich angeordnet.

Gegenüber dem Vorgänger war die neue S-Klasse um rund 300 Kilogramm leichter geworden und besaß einen Cw-Wert von 0,27.

Das Design der neuen S-Klasse war wesentlich schnittiger als beim Vorgänger, der noch eine wuchtige Form besaß.

Auch als Taxi wurde die große Limousine von Mercedes, die es auch mit einem Dieselmotor gab, eingesetzt

Der S 500 war bei der Premiere das Top-Modell der großen Mercedes-Baureihe.

ROLLS ROYCE SILVER SERAPH

- endlich was Neues

Erstmals seit dem Phantom III aus dem Jahr 1937 wurde der neue Silver Seraph von einem Zwölfzylinder angetrieben, den BMW beisteuerte.

Im Mai 1998 präsentierte Rolls-Royce mit dem Silver Seraph die erste Neuentwicklung seit dem Silver Shadow 18 Jahre zuvor. Das neue Modell trat die Nachfolge von Silver Spirit und Silver Spur an.

Die Produktion des Silver Seraph wurde im Jahr 2002 eingestellt, weil, und jetzt wird es ein wenig kompliziert, Volkswagen die Fabrik in Crewe gekauft hatte, BMW allerdings die Markenrechte an Rolls-Royce vom Vickers-Konzern übernommen hatte. Eine neue Rolls-Royce-Fabrik entstand auf dem Gelände des Earl of March, der auch das jährliche Festival of Speed vor seinem Schloss veranstaltet.

Zum ersten Mal seit dem Phantom III aus dem Jahr 1937 wurde der Silver Seraph wieder von einem Zwölfzylindermotor angetrieben, den BMW beisteuerte. Der Zwölfender leistete 326 PS (240 kW) und beschleunigt den 2,6-Tonner auf maximal 225 km/h. Die Federung ist, wie nicht anders zu erwarten, komfortabel ausgelegt, aber auf kurzen Unebenheiten, so bemängelten einige Tester, härter als die Abstimmung des Vorgängers. Der Silver Seraph war unter anderem mit ABS und Adaptive Ride Control ausgestattet. Die Motorleistung wird von einer Fünfgang-Automatik aus dem Hause ZF an die Hinterachse übertragen. Die Verwindungssteifigkeit der Karosserie wurde um 65 Prozent verbessert. Der Silver Seraph teilt sich die Plattform mit dem Bentley Arnage.

Im Innenraum unterscheiden sich die beiden Modelle allerdings. So übernahm der Rolls-Royce die typischen Designelemente der Marke wie den Einsatz von viel Holz und Leder. In Deutschland stand der Silver Seraph für 444.000 Mark bei den Händlern.

Die britisch-deutsche Luxus-Limousine strahlte, wie nicht anders zu erwarten, die Tradition der Marke aus.

Wie die Vorgänger-Modelle übernahm auch der Silver Seraph die Design-Philosophie „My Car is my castle".

Im Innenraum dominierten Holz und Leder und schufen eine luxuriöse Atmosphäre.

Der BMW-Zwölfzylinder beschleunigte den Silver Seraph auf eine Höchstgeschwindigkeit von 225 km/h.

ROVER 75

- die letzte Nummer

Der Rover 75 war die erste und zugleich auch letzte Entwicklung nachdem BMW die Marke übernommen hatte.

Die Rover Group war in den 1990er-Jahren der letzte Rest der einstmals großartigen britischen Automobilindustrie. Uneinsichtige Gewerkschaften, eine verfehlte staatliche Industriepolitik und Managementfehler hatten die Industrie weitgehend vernichtet. Rover mit den Marken MG und Mini war am Ende übrig und vor allem Honda machte sich berechtigte Hoffnungen, das Unternehmen zu übernehmen. Schließlich bestand seit einigen Jahren eine enge Zusammenarbeit, wurden gemeinsame Modelle entwickelt, sodass alles für die Japaner sprach.

Doch es kam anders. BMW, damals von dem anglophilen Manager Bernd Pischetsrieder geführt, sicherte sich nach Rolls-Royce auch Rover. Das erste und einzige Ergebnis nach der Übernahme war der Rover 75, eine Limousine der oberen Mittelklasse, die mit den typischen Eigenschaften britischer Automobilbaukunst gesegnet war und am 20. Oktober 1998 auf der Motorshow in Birmingham mit viel Pomp and Circumstances vorgestellt wurde.

Der 75 wurde von Rover-Ingenieuren entwickelt, wobei sie sich allerdings großzügig im BMW-Teileregal bedienten. Der 4,74 Meter lange 75 sollte nach den Vorstellungen der verantwortlichen Manager die beiden Modelle 600 und 800 ersetzen, was allerdings komplizierter war als am Marketingtisch ausgedacht. Die beiden Modelle lagen bei den Preisen weit

Das Design war „very british“ und übernahm den klassischen Kühlergrill der früheren Rover-Modelle.

Unter dem Blech der viertürigen Limousine integrierten die Rover-Ingenieure viele Teile aus dem BMW-Regal.

Der Innenraum war luxuriös gestaltet und entsprach dem Premium-Anspruch von BMW.

auseinander, sodass sich die 600er-Kundschaft überwiegend neu orientierte.
Die Dieselvariante des Rover 75 nutzte den Antrieb aus dem BMW 318d, während die Benziner von Eigenentwicklungen angetrieben wurden. Dabei reichte die Palette vom 1,8-Liter-Vierzylinder (88 kW) bis zum 2,5-Liter V6 (110 oder 130 kW). In den damaligen Testberichten wurde der 75 für seine angenehmen Fahreigenschaften, seine Innenausstattung sowie den traditionellen britischen Stil mit viel Holz und Leder gelobt. Richard Woolley hatte bereits den erfolgreichen 600 entworfen und griff Designelemente aus der Vergangenheit der Marke auf, was dem Modell einige internationale Auszeichnungen einbrachte.
Ursprünglich hatte Woolley Pläne für drei neue Modelle entwickelt: Als Flaggschiff eine große Limousine, in der Mitte den 75 und darunter ein kleineres Fahrzeug mit dem Codenamen Eric. Das klang alles logisch, doch am Ende kam nur der 75 als Limousine und Kombi auf den Markt. Eine serienreife Coupé-Variante wurde gestrichen. Nach der Übernahme durch BMW wurde auch der 600 aus dem Programm genommen und stattdessen ein neues Modell für das Ende des Jahrzehnts geplant.
Nachdem sich BMW enttäuscht vom Rover-Experiment verabschiedet hatte und sich nur noch auf die Marke Mini konzentrierte, kamen noch der MG ZT und die Kombiversion MG ZT-T auf den Markt. Auch eine Version mit V8-Zylinder ließ die Freunde der Marke von den guten alten Zeiten träumen, doch am Ende blieb den Rover-Managern nur noch der Gang zum Insolvenz-Richter. Die Rechte am 75 wanderten nach China, wo die Limousine als Roewe angeboten wurde. Die Namensrechte hatte BMW behalten.

SUZUKI JIMMY

- klein, aber oho

Im Sommer 1998 rollte mit dem Suzuki Jimny der Nachfolger des Suzuki SJ auf den Markt. Wie sein Vorgänger kam der Kleinwagen fürs Gelände als geschlossene Version und als Cabriolet zu den Kunden.
Der SJ galt als ziemlich rauer Geselle, und deshalb statteten die Entwickler den Jimny mit deutlich mehr Komfort aus, was allerdings auf Kosten der Geländeeigenschaften ging. Trotzdem ist der Kleine auch in schwierigem Gelände größer als es seine bescheidenen Abmessungen vermuten lassen.
Dank der kurzen vorderen und hinteren Überhänge werden Böschungswinkel von bis zu 42 Grad ermöglicht.
Als Antrieb stand beim Marktstart ein 1,3-Liter-Benziner mit 59 bis 63 kW bereit. Die Dieselabteilung wurde durch einen 1,5-Liter-Motor mit 48 bis 63 kW vertreten.
Das Cabrio und die Dieselvarianten wurden für den europäischen Markt vom spanischen Unternehmen Santana produziert. Deshalb ist bei diesen Fahrzeugen Santana als Hersteller angegeben.

Der kleine Jimny war im Vergleich zum rustikalen Vorgänger SJ wesentlich komfortabler ausgelegt.

Neben der geschlossenen Version kam auch eine Cabrio-Variante auf den Markt, die vom spanischen Unternehmen Santana gefertigt wurde.

Das Cabriolet stand für Fahrspaß abseits der asphaltierten Straßen und besaß die gleichen Geländeeigenschaften wie die geschlossene Version.

Den Jimny konnte eigentlich nichts aufhalten. Abseits der Straßen war der Kleine eine erstaunliche Größe.

Als Antrieb stand neben dem 1,3-Liter-Benziner auch ein 1,5-Liter-Diesel bei den Händlern.

Apple bringt mit dem iMac seinen All-in-One-Rechner mit integrierten Lautsprechern an den Start. Das Gerät begeisterte die Kundschaft durch die leichte Bedienbarkeit, seine Leistungsstärke und das ausgefallene Design. Waren die anderen PC damals noch einfach entworfene Kisten, so kam der neue Apple-Rechner mit einem halbdurchscheinenden Gehäuse in der Farbe »Bondi Blue« und eröffnete so die Ära der Design-Computer. Kurz danach setzte Apple noch einen drauf und brachte mit dem iBook ein leistungsstarkes und farbenfrohes Notebook auf den Markt.

1999 Ford Focus

Die Kombiversion zielte auf eine Kundschaft, die einen erhöhten Platzbedarf für ihre Freizeitaktivitäten hatte.

Beim Design griffen die Kreativen auf das mit dem kleinen Ka eingeführte „New Edge Design" zurück.

Die Karosserie des Ford Focus setzte sich von der in diesem Segment üblichen Formensprache deutlich ab.

Neben dem Viertürer und Kombi bot Ford den Focus auch als Zweitürer an. Alle Versionen waren vollständig ausgestattet.

Was haben ein Nachrichtenmagazin und das Kompaktmodell eines Automobilherstellers gemeinsam? Genau. Nichts, meint wenigstens der oft zitierte normale Menschenverstand.

Und doch glaubte der Burda-Verlag seine Markenrechte am Magazin »Focus« durch den gleichnamigen Nachfolger des Ford Escort verletzt. Vielleicht diente der Streit auch dafür, die Zeitschrift bekannter zu machen… Die Öffentlichkeit jedenfalls verfolgte den Disput amüsiert, denn schließlich handelte es sich um zwei vollkommen unterschiedliche Produkte. Am Ende einigten sich die Juristen der beiden Parteien und der Ford Focus konnte ohne Namensänderung seine erfolgreiche Laufbahn beginnen.
Der 1998 vorgestellte Focus löste den inzwischen betagten Escort ab und wurde ein Jahr später zum europäischen Auto des Jahres befördert. Der Ford Focus war eine Entwicklung von Ford of Europe und rollte im Oktober 1998 auf den europäischen Markt. Zwei Jahre später brachte Ford das Kompaktmodell auch in den USA zu den Händlern, wo es sich gut verkaufte. Von seinen Konkurrenten unterschied sich der Focus vor allem durch das mit dem Kleinstwagen Ka eingeführte »New Edge Design«. Anfangs wurde der kompakte Ford als Drei- und Fünftürer angeboten. Die Kombiableitung Turnier kam Anfang 1999 auf den Markt. Außerdem wurde der konservativ eingestellten Kundschaft auch eine Stufenheck-Variante angeboten.
Der Focus kam mit einer guten Serienausstattung zu den Kunden. Dazu gehörten vier Airbags, ABS sowie vorne elektrische Fensterheber und für die stärker motorisierten Versionen eine Antriebsschlupfregelung. In der Aufpreisliste fanden sich so angenehme Dinge wie eine Klimaanlage, Bordcomputer, Tempomat, Sitzheizung und ESP. Anfangs standen Ottomotoren mit 1,4 bis zwei Liter (55 kW bis 158 kW) zur Wahl. Im Februar 1999 ergänzte ein direkteinspritzender Dieselmotor (1,8 Liter, 66 kW) das Motorenangebot.

OPEL SPEEDSTER

- die Elise machts möglich

Der Opel Speedster nutzte die Lotus Elise als Basis. Die beiden Marken gehörten damals zu General Motors.

Zum Ende des Jahrtausends gönnte sich Opel noch etwas Besonderes. Damals war die Wirtschaftskrise, die später der Marke beinahe das Genick gebrochen hätte, noch weit entfernt, und deshalb suchten die Verantwortlichen nach einem emotionalen Modell, nachdem das Calibra Cabriolet nicht in Serie gehen durfte. Stattdessen kam nun der Opel Speedster, der wie sein Parallelmodell Vauxhall VX 220 die Lotus Elise als Basis nutzte. Beide Modelle wurden dann auch im Lotus-Werk im britischen Hethel gefertigt.
Als Bühne für die Vorstellung wählten die Opel-Manager den Genfer Automobilsalon im März 1999. Vom werksintern Lotus Type 116 genannten Modell sollten, so hatten es sich die Rüsselsheimer ausgerechnet, mindestens 10.000 Exemplare entstehen. Schließlich war die Reaktion des Publikums in Genf positiv und zwei Jahre nach der Präsentation rollten die ersten Speedster aus der Fabrik.
Als Antrieb kam damals ein 2,2-Liter-Vierzylinder-Sauger mit 147 PS zum Einsatz, der auch im Familientransporter Zafira und im Vectra seine Dienste tat. Den Speedster beschleunigte der quer vor der Hinterachse montierte Motor auf maximal 217 km/h. Später folgte eine Version mit einem Zweiliter-Turbo unter der Haube, sodass die Variante mit dem 2,2-Liter-Antrieb kaum noch Freunde fand.
Unabhängig vom Motor war der Speedster eine spartanische Angelegenheit. Aus der Lotus Elise war die Innenausstattung übernommen worden und die war alles andere als auf Komfort ausgerichtet. Schließlich hatten die Entwickler des kleinen Lotus vor allen Dingen Wert auf Gewichtseinsparung gelegt, was sich in ein Leergewicht von weniger als 900 Kilo-

gramm übersetzte, und da spielten Komforteigenschaften keine Rolle. Allerdings erwartete die Kundschaft auch nichts anderes.
Die Turboversion brachte 200 PS an die Hinterräder und beschleunigte den Speedster Turbo auf mehr als 240 km/h. Im Vereinigtem Königreich legte Vauxhalll noch eine Schippe mehr drauf und brachte den Speedster in einer Mini-Auflage von 60 Exemplaren mit einem 220 PS starken Turboantrieb auf den Markt. Die Opelfreunde gingen damals leer aus.
Von der Lotus Elise wurde auch das Aluminium-Chassis übernommen, und auch die Karosserie war wie beim britischen Technikspender aus glasfaserverstärkten Kunststoff gefertigt.

Gegen Aufpreis lieferte Lotus auch ein Hardtop, das vor allem in der kalten Jahreszeit unverzichtbar war. Fahrer und Copilot saßen auf Lotus-Sportsitzen und dem Menschen hinter dem Lenkrad half einzig das ABS. Ansonsten war Handarbeit das Gebot der Stunde, denn an Bord gab es weder Servolenkung noch eine Traktionskontrolle. Die Kraftübertragung regelte ein manuelles Fünfganggetriebe.
Der Speedster stand für mindestens 63.500 Euro bei den freundlichen Opelhändlern.

Der Speedster war ein klassischer Roadster und nutzte als Antrieb unter anderem den Vierzylinder des Familientransporters Zafira.

In dieser Umgebung machte der Speedster eine gute Figur. Der Zweisitzer war ein Modell für sonnige Tage.

Die Instrumentierung wurde aus der Lotus Elise übernommen.

Komfort spielte beim Speedster eine untergeordnete Rolle, doch das akzeptierte die Kundschaft gern.

MERCEDES CL

- ein S-klassiges Coupé

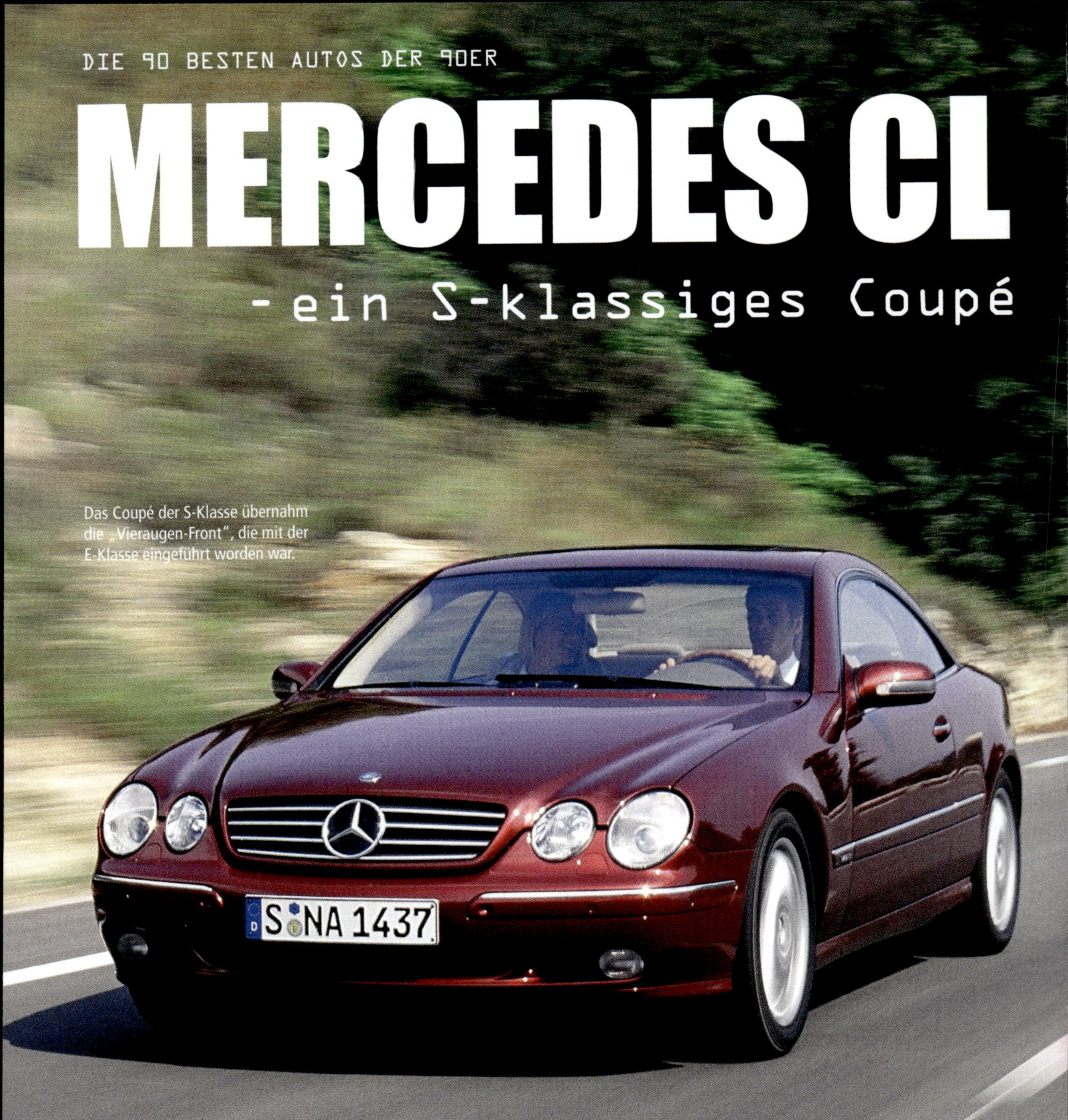

Das Coupé der S-Klasse übernahm die „Vieraugen-Front", die mit der E-Klasse eingeführt worden war.

Ein großes und luxuriöses Coupé war stets der unverzichtbare Begleiter der S-Klasse von Mercedes-Benz und die 1998 vorgestellte Spitzenbaureihe der Stuttgarter machte dabei keine Ausgabe.
Im März 1999 stellte Mercedes die Coupé-Version der neuen S-Klasse auf dem Genfer Automobilsalon vor. Dem Luxus-Zweitürer hatten die Entwickler des Hauses das neuartige Federungssystem Active Body Control (ABC) spendiert, das, so die Werkspoeten bei Daimler, ein »bislang unerreichtes Optimum aus Sportlichkeit und Komfort« darstellen sollte. Um dies zu erreichen, wurde eine Sensorik entwickelt, die zusammen mit neuartigen Hydraulikzylindern an den Achsen die sonst üblichen Nick- und Wankbewegungen der Karosserie beim Anfahren, Bremsen oder Kurvenfahrt fast vollständig ausgleicht.
Zum Start der neuen Baureihe standen zwei Motorisierungen zur Wahl: Im CL 600 arbeitet der Zwölfzylindermotor mit 367 PS (270 kW) und für den CL 500 wählte die technische Mannschaft den Fünfliter-V8 mit 306 PS (225 kW).

Vor der Beförderung zu eigenständigen CL-Klasse firmierten die zweitürigen Varianten der S-Klasse als SEC-Modelle, doch 1996 kam der Wechsel zu den CL-Modellen, wobei »CL« wenig überraschend für »Coupé Luxus« steht.

Der Mercedes CL gehörte zu den elegantesten Coupés in der Premium-Klasse.

Dem Topmodell CL 600 spendierten die Entwickler den neuen Zwölfzylindermotor mit 367 PS.

Trotz der großzügigen Abmessungen wirkte der Mercedes CL nicht aufdringlich.

Der CL erreichte, so versprachen die Entwickler, ein Optimum an Sportlichkeit und Komfort.

Ein von AMG aufgerüsteter CL diente im Motorsport als Safety Car.

Der CL löste die SEC-Baureihe ab und wurde zu einer eigenständigen Klasse befördert.

Beim Coupé der S-Klasse standen die beiden Buchstaben CL für „Coupé Luxus".

FERRARI 360 MODENA - der Nachfolger

Als der Ferrari 360 Modena im Frühjahr 1999 die Nachfolge de F355 antrat, war der Leistungszuwachs überraschend überschaubar. Gerade 19 zusätzliche PS (14 kW) hatten die Ingenieure für den Modena gefunden und gleichzeitig das Gewicht um 20 Kilogramm zunehmen lassen.

Wie der F355 besitzt auch der Modena einen V8-Mittelmotor (400 PS/294 kW) mit Fünfventiltechnik (drei Einlass-, zwei Auslassventile) und das maximale Drehmoment lag bei 373 Newtonmeter. Diese Daten übersetzten sich in eine Beschleunigung von Null auf 100 km/h in 4,5 Sekunden und knapp weniger als 300 km/h als Höchstgeschwindigkeit. Die Kraftübertragung übernimmt ein manuelles Sechsganggetriebe, bei dem die Gänge auch über Schaltwippen am Lenkrad gewählt werden konnten, wobei die rechte Wippe für das Hochschalten und die linke für das Herunterschalten zuständig ist. Mit dem Getriebe aus der Formel 1 können die Gänge innerhalb von 150 Millisekunden gewechselt werden. Außerdem spendierten die Techniker dem F360 Modena eine Einstellung für Schnee und Eis.

Als einzige Fahrhilfen waren ABS und eine Antriebsschlupfregelung an Bord. Offensichtlich traute man in Maranello der Kundschaft so viel Fahrkönnen zu, dass weitere Assistenzsysteme gar nicht erst angeboten wurden. Ein Jahr nach der Vorstellung des Coupés kam im Frühjahr 2000 die »Spider« genannte offene Version mit klassischem Stoffverdeck in den Handel. Ein besonderes Hochzeitsgeschenk hatten die Ferrari-Mitarbeiter für ihren damaligen Chef Luca Cordero di Montezemolo: einen offenen 360 Spider als Barchetta ohne Dach. Der Ferrari 360 Modena entwickelte sich im Laufe der Jahre zum meistverkauften Ferrari.

Der Ferrari 360 Modena erreichte eine Höchstgeschwindigkeit von knapp 300 km/h.

Während seiner Bauzeit entwickelte sich der 360 Modena zum meist verkauften Ferrari.

Lediglich ABS und eine Antriebsschlupfregelung waren beim neuen Ferrari an Bord.

Als Antrieb spendierten die Entwickler dem Sportcoupé einen Achtzylinder mit 400 PS.

Unter der sportlichen Silhouette verbarg sich Technik aus der Formel 1.

HONDA S2000

- Kraftpaket aus Jaan

Zwei Monate nach seiner Vorstellung auf dem Genfer Automobilsalon wurde der Honda S2000 zum „Cabriolet des Jahres" befördert.

Honda nahm sich viel Zeit, bis die Marke ihren Roadster S2000 auf die Straße entließ. Bereits im Oktober 1995 stand auf der Tokyo Motorshow die Studie mit dem kryptischen Namen SSM.

Die drei Buchstaben standen für »Sports Study Model«, für das seine Konstrukteure sich den S800 aus den Anfangsjahren der Marke als Vorbild genommen und in die Gegenwart übertragen hatten. So besaß die Studie zum Beispiel natürlich keine Kraftübertragung durch eine Kette an die Hinterräder. Vielmehr hatten die Ingenieure Anleihen beim NSX genommen. Das Cockpit war damals rund um den Fahrer konstruiert worden, für die Stabilität der Konstruktion hatten die Entwickler einen Mittelholm und einen Aluminiumhilfsrahmen konstruiert. Den Antrieb übernahm ein Zweiliter-Vierzylinder mit 200 PS (147 kW). Als Kraftübertragung kam ein neues, elektronisch gesteuertes sequentielles Fünfgang-Automatikgetriebe zum Einsatz. Gestartet wurde die Studie durch einen Anlasser.

Die Lackierung (light-gold) erinnerte an den 1963 entwickelten ersten Formel-1-Boliden der Marke. Ein Jahr nach dem Debüt in Tokyo wurde ein leicht modifizierter, rot lackierter SSM auf dem Genfer Automobilsalon der Öffentlichkeit gezeigt. Ein weiterer Auftritt im Rahmen der weltweiten »SSM-Tournee« folgte bei der Mondial de l'Automobile in Paris. 1997 stand die Studie in Frankfurt auf der IAA und im Januar 1998 folgte ein Ausflug zur Detroit Motor Show.

Ein Jahr später wurde dort die Serienversion der Öffentlichkeit gezeigt. Zwei Monate später gewann der Roadster in Genf seine erste Auszeichnung. 17 Fachjournalisten aus zehn Ländern wählten den Honda-Roadster zum »Cabriolet des Jahres«.

Auf dem deutschen Markt wurde der S2000 ausschließlich mit dem Zweiliter-Vierzylinder (241 PS/177 kW) ausgeliefert, der zwischen den Jahren 2000 und 2004 fünfmal die Auszeichnung als »International Engine of the Year« in seiner Hubraumklasse gewann. Zwischen Null und 100 km/h vergingen 6,2 Sekunden, die Höchstgeschwindigkeit war bei 240 km/h erreicht. Mit dem S2000 machte sich Honda ein Geschenk zum 50-jährigen Jubiläum, deshalb hatten die Entwickler zusätzlichen Aufwand bei der Konstruktion des äußerst kompakten und hochdrehenden Motors getrieben.

Der Drehzahlbegrenzer greift erst bei 9000 Umdrehungen ein, der Motor erreicht seine Nennleistung und Nenndrehzahl bei 8300 Umdrehungen, ein ungewöhnlicher Wert. Die Antriebe für den S2000 wurden in dem für die Fertigung von NSX, S2000 und Insight gebauten Werk von Hand aufwendig produziert.

Trotz seiner Leistungswerte klassifizierte die kalifornische Umweltbehörde den S2000 als ein Ultra Low Emission Vehicle ein. Eine bessere Einordnung gab es nicht für Verbrenner. Dank der für einen offenen Zweisitzer außerordentlichen Steifigkeit wurde der S2000 auch im Motorsport zu einem ernstzunehmenden Wettbewerber. So kam ein S2000 im Jahr 2003 beim 24 Stundenrennen auf dem Nürburgring auf den zehnten Platz, auch beim Langstreckenpokal auf der Nordschleife standen mehrere Klassensiege zu Buche.
Bis zum Produktionsende im Jahr 2009 wurden rund 110.000 Exemplare des Zweisitzers gebaut.

Die Informationszentrale des Honda 2000 war übersichtlich und erinnerte an das Coupé Prelude.

Der Honda S2000 gehörte zu den angenehmen Vertretern seiner Zunft und fand bis zum Produktionsende 110.000 Freunde.

Mit dem S2000 machte sich Honda ein Geschenk zum 50-jährigen Jubiläum der Marke.

JAGUAR S-TYPE

- Blick zurück

Der Jaguar S-Type erinnerte mit seinem Design an den legendären Mark 2 und nutzte die Plattform des Lincoln LS.

Unter der Regie der Ford-Verantwortlichen, die Jaguar 1998 in die vom ehemaligen BMW-Chef Ulrich Reitze geleitete Premier Automotiv Group (PAG) eingegliedert hatten, erlebte die britische Traditionsmarke eine neue Ausrichtung, für die auch der 1999 auf den Markt gerollte S-Type steht. Beim Design gingen die Kreativen offensichtlich ins Firmenarchiv und kamen mit einem Retrodesign wieder hinaus, das sich die Jaguar-Limousinen der 1960er-Jahre wie den damaligen Mark 2 zum Vorbild genommen hatte.

Das war keine schlechte Idee und kam auch beim nostalgisch eingestellten Teil des Publikums gut an. Vor allem die Frontpartie war dem Vorbild wie aus dem Gesicht geschnitten. Die Plattform des S-Type hatte der Lincoln LS beigesteuert. Die ausschließlich als Viertürer angebotene Limousine besaß einen Bordcomputer sowie ein gegen Aufpreis lieferbares ESP. Allerdings stammten viele Bedienelemente aus den preiswerteren Ford-Modelle, was die Jaguar-Kundschaft nicht sonderlich begeisterte. Der Innenraum, vor allem hinten, war eng geschnitten.
In der Modellpflege drei Jahre nach der ersten Vorstellung wurde der Innenraum, und da vor allem die Informationszentrale vor dem Fahrer, deutlich aufgewertet. Gleichzeitig kamen höherwertige Materialien zum Einsatz. Außerdem übertrug nun eine neue Sechsgang-Automatik von ZF die Leistung an die Hinterräder. Das Topmodell S-Type R bekam eine Leistungssteigerung in Form einer Kompressoraufladung und der ursprüngliche Vierliter-V8 wuchs auf 4,2 Liter. Später kam sogar ein Dieselmotor unter die Haube.

Bei den nostalgisch eingestellten Kunden kam der Jaguar im Retrodesign gut an. Kritisiert wurden die Bedienelemente aus preiswerteren Ford-Modellen.

Juli 1999

1989 rief der Berliner Techno-DJ Dr. Motte (Matthias Roeingh) zur ersten Love Parade auf – rund 150 Menschen demonstrierten für »Friede, Freude, Eierkuchen«. Die Veranstaltung wuchs rasant und verwandelte 1999 mit 1,5 Millionen Teilnehmern den Bezirk Tiergarten in eine riesige Techno-Bühne. Zahlreiche Unternehmen erkannten das Potenzial als Marketingplattform, wodurch die Parade zunehmend kommerzialisiert wurde. Das Bundesverfassungsgericht entzog ihr daraufhin den Status als Demonstration. Später übernahm Unternehmer Rainer Schaller die Love Parade. Dr. Motte distanzierte sich, da für ihn nun allein der finanzielle Profit im Vordergrund stand.

BMW X5

- die Antwort aus Bayern

Mit dem X5 startete BMW in die damals vor allem in den USA neue SUV-Klasse. Allerdings startete der X5 als SAV oder „Sport Activity Vehicle".

Ende der 1990er-Jahre begann von den USA aus eine neue Fahrzeugklasse ihren Siegeszug um die Welt. Hinter der Abkürzung SUV verbirgt sich der widersprüchliche Begriff »Sport Utility Vehicle« also »sportliches Nutzfahrzeug«. Nun gut.

In den USA waren die entsprechenden Modelle außerordentlich erfolgreich und verdrängten sogar den all American Station Wagon von seinem Platz in den Vororten. Die Antwort von BMW war der 1999 in Detroit erstmals gezeigte X5, den die Bayern aber unter keinen Umständen als SUV einordnen wollten. Die Verantwortlichen in den USA und München erfanden gleich noch eine neue Gattung und sprachen von »SAV«, einem »Sports Activity Vehicle«.

Das Design stammte von Frank Stephenson, dem man angeblich sechs Wochen Zeit gab, um aus dem ersten Entwurf einen 1:1-Modell

Der X5 war vor allem für den US-Markt entwickelt worden und wurde deshalb im amerikanischen BMW-Werk produziert.

Eher edel als sportlich präsentierte sich der Innenraum des X5.

Die Frontpartie trug das typische BMW-Gesicht samt der „BMW-Niere". Das Design stammte von Frank Stephenson.

Ein Jahr nach der Vorstellung in den USA brachte BMW den X5 auf den deutschen Markt.

zu entwickeln. Der X5 entsteht im US-amerikanischen Werk in Spartanburg, South Carolina, und wird von dort auch nach Deutschland gebracht. Ein Jahr nach der Vorstellung in den USA kamen die ersten Exemplare des X5 auch nach Deutschland.
Der X5 ist allein schon wegen seiner technischen Auslegung kein Geländegänger, doch das sollte er auch nie sein. Stattdessen übernahm er die Rolle des Sportlers unter den zahlreichen sportlichen Nutzfahrzeugen. So hat der X5 eine selbsttragende Karoserie und Einzelradaufhängung.
Zum Marktstart kam der X5 mit zwei Antriebsoptionen zu den Kunden. Als Basismotorisierung kam ein Dreiliter-Reihensechszylinder mit 231 PS (170 kW) zum Einsatz und für den US-amerikanischen Markt stand ein 4,4 Liter großer V8 mit 286 PS (210 kW) bereit.

FIAT MULTIPLA

- der Verkannte

Der Fiat Multipla war für die italienische Großfamilie entworfen worden und bot Raum für sechs Personen.

Mit dem ersten Multipla schuf der Designer Dante Giacosa 1955 einen italienischen Klassiker, der einen entscheidenden Beitrag zur »Automobilisierung« der Italiener leistete. Gleichzeitig hatte er, allerdings ohne es zu wissen, den ersten Minivan der Automobilgeschichte entworfen. Sein Multipla wurde schnell zum Familientransporter, Campingmobil, Taxi und Lastenesel – kurz zum Automobil für alle Fälle.

Daran sollte der im Januar 1999 vorgestellte Multipla anschließen, doch während die erste Generation in den 1950er-Jahren auf Anhieb allgemeine Zustimmung fand, schieden sich am neuen Multipla die Geister.
In New York wurde die erste Version des Multipla Bipower in der Ausstellung »Different Roads, Automobiles for the Next Century« im Sommer 1999 im Museum of Modern Art (MoMa) ausgestellt. In der Ausstellung wurden, so das MoMa, neun »innovative Automobile gezeigt, die die wachsenden sozialen, ökonomischen und ökologischen Probleme der Automobilindustrie im 21. Jahrhundert lösen könnten.« Andere Zeitgenossen sahen den Multila mit anderen Augen und erklärten ihn zum hässlichsten Auto überhaupt.
Der vier Meter lange Multipla nutzte die Antriebstechnik und die Plattform des Fiat Bravo. Zum umstrittenen Design des Familientransporters trug unter anderem eine Stufe unter der Frontscheibe bei, in der die Scheinwerfer für das Fernlicht und das Fiat-Logo untergebracht waren.
Ebenso ungewöhnlich wie das Design war das Innenraumkonzept: Die maximal sechs Insassen (ab Werk gab es auch eine fünfsitzige Version) saßen jeweils auf einem Einzelsitz. Bei der Fünfer-Variante befand sich zwischen den beiden Vordersitzen (gegen Aufpreis) eine Kühlbox. Als Antrieb standen ein 1,6-Liter-Vierzylinder (66kW bis 76 kW) und ein 1,9-Liter-Diesel (77 kW bis 88 kW) bereit.

Als erstes Fiat-Modell baute die Karosserie des Multipla auf einem sogenannten Space-Frame-Konzept auf, das zwar höhere Kosten in der Produktion verursacht, dafür aber preiswertere Fertigungsanlagen benötigt und sich flexibel für Varianten in kleiner Auflage einsetzen lässt. Neben mit konventionellen Benzin- und Dieselmotoren kam der Multipla anfangs als Blupower und später als Natural Power mit monovalentem Erdgasantrieb auf den Markt. Später folgte eine bivalente Version, die Benzin- und Erdgasantrieb miteinander verband. Erdgas als Energie für Automobile war bereits von Mussolini in den 1930er-Jahren gefördert worden, nachdem Erdgasfelder in Norditalien entdeckt worden waren. Fiat hatte über viele Jahre mehrere Modelle mit dieser Technik im Programm.
Nach dem Produktionsende in Europa im Jahr 2008 wurde der Multipla in China von dem chinesischen Unternehmen Zoyte als Zoyte M300 mit vollelektrischem Antrieb produziert.

Das Design des Multipla war von Beginn an umstritten. Als Basis diente die Plattform des Fiat Bravo.

Zweimal drei ergab sechs Menschen auf rund vier Meter.

Die Instrumentierung war stark gewöhnungsbedürftig und nicht sonderlich übersichtlich.

Nach dem Produktionsende startete der Multipla eine zweite Karriere in China.

Sechs Einzelsitze machten den Multipla zum kompakten Familientransporter.

ALPHABETISCHES REGISTER

BILD-NACHWEISE

Achim Raschka/Wikimedia Commons (6); Alexander Hassenstein/Bongarts/Getty Images (117); Alfa Romeo (66-67); An-d/Wikimedia Commons (87); Archiv Motorbuch (5); Automobili Lamborghini S.p.A. (30-33); Audi AG (18-19), (46-47), (102-103), (104-106), (112-113), (186-187), BMW AG (20-21), (82-83), (114-117), (118-119), (132-133), (142-143), (154-155), (202-203), (218-219); Bongarts/Getty Images (6), (9); Bugatti Automobiles S.A.S. (48-49); Dillan Payne/Wikimedia Commons (141) Dr. Ing. h.c. F. Porsche AG (58-59), (92-93), (158-159); Evan-Amos/Wikimedia Commons (17); Ferrari S.p.A. (124-125), (212-213); Ford Motor Company (76-77), (96-99), (140-141), (156-157), (206-207); GM (108-109); Group Lotus plc (144-145); Honda Motor Co., Ltd. (28-29); (214-215); Hulton Archive/Getty Images (217); Jaguar Land Rover (68-69), (160-161, (180-181), (216-217); JOHNNY EGGITT/AFP via Getty Images (185); Keith Hamshere/Getty Images (143); kpa/United Archives via Getty Images (7); Leon Neal/Getty Images (177); Lincoln Motor Company (172-173); Maserati S.p.A. (190-191); Mathieu Polak/Sygma/Sygma via Getty Images (155); Mazda Motor Corporation (74-75); Mercedes-Benz Group AG (22-23); Mercedes-Benz Group AG (42-45); Mercedes-Benz Group AG (84-87), (134-137), (152-153), (166-167), (168-169), (198-199), (210-211); Mike Powell /Allsport via Getty Images (169); MONICA DAVEY/AFP via Getty Images (205); Nissan Motor Corporation (78-79); Opel Automobile GmbH (88-89), (100-101), (208-209); Pascal Rondeau/Getty Images (7); Peugeot S.A. (56-57), (90-91); Peter Bischoff/Getty Images (33); Peter Bischoff/Getty Images (187), (193); picture alliance / dpa | epa (8); picture-alliance / dpa | Kay Nietfeld (191); picture-alliance / dpa | Pressensbild code 4331 (9); picture-alliance / dpa | Wolfgang Kumm (137); Rainer Schlegelmilch/Getty Images (7); Renault S.A. (38-41), (70-73), (162-165); Rolls-Royce Motor Cars (200-201); SEAT, S.A. (170-171); Stellantis (11-13), (14-17), (51-51), (52-53), (54-55), (80-81), (110-111), (120-123), (128-131), (138-139), (146-149), (176-177), (178-179),(182-185), (196-197), (220-221); Steve Russell/Toronto Star via Getty Images (165); Suzuki Motor Corporation (204-205); Tim Graham Photo Library via Getty Images (8); Toyota Motor Corporation (34-35), (36-37), (126-127), (174-175); Tristar Media/Getty Images (107); Valdmanis/United Archives via Getty Images (95); Volkswagen AG (26-27), (60-63), (64-65), (140), (188-189), (192-193), (194-195), Volvo Car Corporation (24-25); Wiesmann GmbH (94).

TWENTY
YEARS OF
THE YOUNGTIMER
MAGAZINE
STILL DRIFTING
YOUNGTIMER
DIE KULT-KLASSIKER DER 70ER, 80ER UND 90ER
SO GEHT SPORTWAGEN!
MITTELMOTOR-FAHRSPASS AB 3500 EURO
YOUNGTIMER
MAGAZINE
SINCE 2003
Das aktuelle Heft! Jetzt im Handel oder online unter:
motor-klassik.de/youngtimer